고양이 스트레스 상담소

행복한 고양이를 만드는 40가지 매뉴얼

고양이 스트레스 상담소

비마이펫 글·그림

허밍버드
Hummingbird

싫어하는 것만 안 해도
고양이의 삶은 행복해집니다

안녕하세요. '우리 아이의 시간을 더 행복하게'라는 미션 아래 반려동물 지식정보 채널을 만들어가고 있는 비마이펫입니다.

'고양이가 지구를 정복했다'라는 말이 유행할 정도로 고양이에 대한 관심이 여느 때보다 높습니다. 길에서 만난 고양이를 입양한다는 의미인 '냥줍'이라 단어가 검색 사이트이 인기 검색어가 될 정도로 고양이는 특유의 새침한 사랑 표현으로 많은 사람의 마음을 훔치고 있지요.

저희에게는 종종 다음과 같은 질문이 들어와요.

'고양이가 보호자인 저에게 너무 쌀쌀맞은데, 이거 정상인가요?' '고양이에게 뽀뽀하면 저를 공격해요' '우리 고양이는 가족 중 저만 싫어하는 것 같아요' '고양이와 함께 여행을 가려고 하는데, 추천해주실 만한 여행지가 있나요?'

고양이를 사랑하는 마음이 얼마나 큰지 단번에 알 수 있는 질문입니다. 그런데 때로는 집사 분들의 사랑 표현이, 기억도 안 나는 일상의 사소한 행동이 고양이를 지치게 하고 피곤하게 만든다는 사실을 알고 계신가요?

스트레스에 유난히 예민한 고양이에게는 약간의 불편함이나 불쾌감이 건강 문제로 쉽게 이어지기 때문이에요.

고양이는 독립성이 강해서 현대인의 라이프스타일에 최적화된 동물이라고 알려져 있지만, 이것은 반은 맞고 반은 틀린 말입니다. 고양이는 본래 성격이 예민하고 티를 잘 내지 않을 뿐, 외로움을 많이 타기 때문에 사람의 손길이 필요합니다. 그래서 어떤 사람들은 '나의 삶은 고양이를 키우기 전과 후로 나뉜다'라고 이야기하지요.

이쯤 되면 '대체 고양이가 받는 스트레스가 어느 정도길 래?' 하는 의문이 생길 겁니다. 사람에게는 사소하고 별것 아 닌 변화가 고양이에게는 세상이 뒤집어진 것처럼 크나큰 변 화, 극심한 스트레스로 다가옵니다. 그럼 또다시 '개나 고양이 모두 사람과 오래 살아온 반려동물인데, 왜 고양이만 특별한 반응을 보이는 걸까?' 하는 의문이 떠오를 거예요.

우리 삶과 가까운 곳에 존재하는 반려동물 중 유독 고양이 의 스트레스에 주목해야 하는 이유는 고양이의 타고난 기질, 즉 본성에서 시작됩니다. 영역 동물인 고양이는 영역을 지키 는 것이 본능으로, 고양이에게 영역이란 공간을 넘어 행동, 만 나는 사람까지 아우르거든요.

고양이가 유독 자신에게 쌀쌀맞다면 그 이유를 생각해보세 요. 고양이의 성격이나 질병에만 주목하기 전에 자신이 한 행 동을 하나하나 떠올려보세요. '새로운 곳으로 이사한 후부디 고양이가 내게 데면데면해졌지' '잠깐 바빠서 화장실 청소를 소홀히 했더니 고양이가 방광염에 걸렸어' 등등 새록새록 떠 오르는 행동이 있을 겁니다. 내 마음과는 다르게 고양이를 불행하게 만들 요인이 많았다는 걸 깨닫게 되지요.

우리 고양이의 행복을 위해서 할 수 있는 최선이자 최고의 방법 하나를 꼽으라면 단언컨대 다음과 같이 말할 수 있습니다.

'고양이가 싫어하는 행동은 하지 않는다.'

이 책은 바로 그 지점에서 시작했습니다. 일상에서 자신도 모르게 고양이에게 스트레스를 주는 행동, 심하게는 질병까지 이어지게 하는 행동과 생활, 환경은 물론 누구나 쉽게 대입하도록 간단하면서 전문적인 솔루션을 알려드리고자 합니다. 더 나아가 고양이가 특정 반응을 보이는 이유를 쉽게 이해하도록 고양이의 본능과 습성, 행동 언어에 대한 내용을 담았습니다. 그리고 최고의 집사가 되기 위해 갖추어야 할 덕목 중 하나가 고양이의 특성을 정확히 알고 최악의 상황을 피하는 것임을 강조하고자 했습니다. 고양이를 키우려고 하는 예비 집사, 이제 막 고양이와 함께 살기 시작한 초보 집사를 위한 '집사 생활 지침서'이자 '고양이 스트레스 케어 지침서'라고 말씀드리겠습니다.

이 책에 담긴 내용은 비마이펫 사이트에서 수집하고 발행한 1,000여 개의 전문 지식과 정보, Q&A 커뮤니티에 올라온 질문 중 가장 많이 검색하고 읽어본 고양이의 문제 행동을 선별해 정리한 것입니다. 실제 고양이 집사들이 고민하는 내용을 총망라한 만큼 실질적인 지침서가 되길 바랍니다.

참, 이 책에 나오는 고양이 캐릭터는 '삼색이'란 이름의 코리안 쇼트헤어입니다. 비마이펫의 대표 캐릭터 중 하나로, '겉바속촉'의 '츤데레' 성격을 지닌 삼색이는 리트리버 강아지 '리리'와 부족하지만 항상 최선을 다하는 집사 '우주인'과 함께 살고 있답니다. 본문 여기저기에 출몰하는 자칭 '우주 대스타' 삼색이를 만나보는 재미도 쏠쏠할 거예요.

(사실 삼색이의 매력 포인트는 목소리예요. 진짜 고양이가 말하는 것만 같은 말투로 구독자 분들에게 공감과 인기를 얻고 있어요. 궁금하시면 유튜브 〈비마이펫〉 채널에 방문해주세요. 구독과 좋아요를 환영합니다!)

고양이와 함께하는 삶에는 세심한 헌신이 필요해요. 고양이를 키우는 사람들이 스스로를 '집사'라고 말하는 이유가 단번에 이해되는 대목이지요. 자, 이제 우리 고양이들의 마음속으로 들어가보겠습니다. 고양이 스트레스 상담소로 고고!

2022년 6월
비마이펫 🐾

PART

4 — 삑! 고양이가 불안해하는 환경은 피해요

PART 1

우리 고양이,
지금 행복할까요?

고양이의 속마음을 확인하는 법

삼색아,
너는 지금 행복하니?

고양이와 함께하는 삶은 더 이상 그 이전을 상상하기 힘들 만큼 따뜻하고 행복합니다. 고양이의 숨소리를 들으며 같이 잠을 자는 것만으로도 피곤하고 고달팠던 마음이 한결 편안해지곤 하죠. 하지만 가끔 이런 생각이 듭니다. '우리 고양이도 나와 함께하는 것이 행복할까?' 이를 간단히 알아볼 방법이 있어요. 먼저 다음 질문에 체크해보세요. 우리 집 고양이는 어떤 행동을 하나요?

CHECK 고양이 행복도 테스트

☐ 집사와 시선이 마주쳤을 때 눈을 가늘게 뜬다.

☐ 집사를 바라보며 발톱 스크래칭을 한다.

☐ 잘 때 집사에게 엉덩이를 보여준다.

☐ 귀가한 집사에게 엉덩이, 뺨을 비빈다.

☐ 밤에 집사가 잘 때 울지 않는다.

☐ 때때로 집사 무릎에 올라와 집사를 툭툭 친다.

☐ 때때로 집사에게 다가와 꼬리를 세우고 부르르 떤다.

☐ 얼굴을 집사 얼굴 가까이에 댄다.

☐ 고양이의 이마, 턱 등을 만져주면 골골송을 부른다.

☐ 집사를 졸졸 따라다니며 참견한다.

☐ 이름을 부르면 "야옹" 하고 대답한다.

☐ 배를 보이며 기지개를 쭉 켠다.

☐ 집사의 다리에 몸을 비빈다.

☐ 집사가 집에 돌아왔을 때 현관 앞으로 마중을 나온다.

☐ 집사 앞에서 장난감을 가지고 잘 논다.

☐ 집사 몸 위로 올라오려고 한다.

- 0~4개 : 이렇게 하다간 고양이가 우울증에 걸릴 수 있어요. 노력이 필요해요.

- 5~8개 : 노력하고 있지만 고칠 게 많은 집사!

- 9~12개 : 2% 부족하지만 고양이도 인정하는 프로 집사!

- 13~16개 : 고양이의 행복을 위해 노력하는 최고의 집사!

몇 개의 질문에 체크하셨나요? 생각보다 결과가 나쁘다고 해도 너무 걱정하지 마세요. 최고의 집사가 되는 방법을 아는 게 가장 중요하답니다. 고양이의 행복도를 높이기 위해서는 먼저 주변부터 살펴야 해요. 이 책에서 풀어나갈 전반적인 내용이기도 한데요. 고양이가 살고 있는 공간과 생활 패턴, 환경을 체크하는 것입니다. 그럼 고양이의 행복을 좌우하는 요소들을 더 자세히 알아볼까요?

√ 고양이만의 공간이 마련되어 있나요?

고양이는 독립적이기 때문에 자신만의 공간을 필요로 해요. 성묘가 되면 가족과 떨어져 단독 생활을 하는 습성 때문이죠. 그래서 혼자 조용히 누구의 방해도 받지 않고 쉴 수 있는 공간을 만들어주는 것이 중요합니다. 낯선 외부인이 들어왔을 때, 고양이 스스로가 불안감을 느낄 때 몸을 숨길 수 있는 은신처를 마련해 주세요.

√ 반려동물은 총 몇 마리인가요?

지금 함께 생활하고 있는 반려동물은 모두 몇 마리인가요? 만약 2마리 이상의 반려동물을 키우고 있다면 서로의 친밀도에 따라 스트레스가 쌓일 가능성이 있어요. 고양이는 무리 생활을 하는 동물이 아니기 때문에 경계심이 큰 편이에요. 어렸을 때부터 함께 자라 같은 공간에 있는 게 익숙한 형제묘가 아닌 이상 각자의 공간을 만들어주고 행복한 동거 생활을 하고 있는지 수시로 확인 해주세요.

√ 상하 운동을 충분히 할 수 있나요?

고양이는 개와 달리 넓은 공간을 달리는 것보다 높은 곳을 오르 내리는 상하 운동을 좋아해요. 따라서 고양이에게는 평면 공간보 다 수직 공간이 더 중요하답니다. 상하 운동을 충분히 하지 못하면 고양이가 운동 부족으로 스트레스를 해소하지 못하거나 비만, 무기력증 같은 건강 문제를 겪을 수 있으니 주의합시다.

고양이 입장에서 생활환경을 점검하자

고양이가 행복하게 생활하는 데 필요한 기본 조건이 잘 갖춰져 있나요? 고양이의 입장이 되어 다음의 리스트에 체크해보세요.

CHECK 고양이 환경 체크리스트

☐ 균형 잡힌 식단의 맛있고 신선한 식사를 할 수 있다.

☐ 원할 때 신선하고 깨끗한 물을 마실 수 있다.

☐ 여름에는 선선하게, 겨울에는 따뜻하게 지낼 수 있다.

☐ 소음이 없는 조용한 공간에 화장실이 있다.

☐ 늘 청결하고 쾌적한 화장실을 사용할 수 있다.

☐ 외부의 위험이 없는 안전한 공간이 보장된다.

☐ 집사의 관심과 애정 표현을 충분히 받고 있다.

☐ 하루에 30분 이상 충분한 운동을 하는 놀이 시간이 있다.

✓ 혼자 두는 시간이 길진 않나요?

고양이에 대한 대표적인 오해가 바로 '고양이는 혼자 놔둬도 괜찮다'입니다. 고양이에게 혼자만의 시간과 공간이 필요한 것은 사실이지만, 너무 긴 시간 고양이를 방치해서는 안 됩니다. 고양이마다 성격이 다르기 때문에 어떤 고양이는 집사에게 매우 집착하는 모습을 보이기도 하고, 심한 경우 분리불안으로 인한 우울증을 겪을 수 있어요. 아무리 혼자서도 잘 지내는 고양이라 하더라도 집사가 하루 이상 외박하는 것은 좋지 않으며, 가능한 한 매일 30분 이상의 놀이 시간을 갖는 것이 좋답니다. 고양이 분리불안에 대한 내용은 파트 2의 '고양이를 긴 시간 혼자 둬선 안 돼요'에서 자세히 다루겠습니다.

✓ 고양이와 신뢰를 충분히 쌓았나요?

우리는 많은 사람과 관계를 맺고 살아갑니다. 하지만 고양이가 믿을 수 있는 사람, 관계를 맺을 사람은 오직 집사뿐입니다. 그래서 집사와의 유대감과 신뢰는 고양이의 안정적인 생활과 행복에 큰 영향을 미쳐요. 고양이와 함께 충분한 시간을 보내고, 빗질이나 마사지를 통해 스킨십을 자주 해주세요.

✓ 고양이를 자주 혼내나요?

고양이와 함께 살다 보면 다양한 사건 사고와 맞닥뜨릴 때가 있어요. 고양이가 물건을 떨어뜨리거나 가구 혹은 장판을 긁기도 하고 심지어 벽지를 뜯을 수도 있죠. 쓰레기통을 뒤지기도 하고 서류를 몽땅 찢어놓을 때도 있습니다. 하지만 고양이의 문제 행동 중 대부분은 본능과 관련이 있기 때문에 그런 행동을 하기 전에 예방하는 것이 중요해요. 혼낼 때도 체벌이나 큰 소리를 내는 것은 절대 금물입니다. 고양이가 공포감을 느껴 트라우마가 될 수 있어요. 훈육의 목적은 문제 행동을 교정하는 것이지 불안하게 하거나 두려움을 주기 위해서가 아니라는 사실을 기억합시다.

✓ 고양이가 행복할 때 보이는 행동

지금까지 고양이의 행복을 좌우하는 여섯 가지 요소를 살펴보았습니다. 이제 우리 집 고양이의 마음을 제대로 알게 되었나요? 이번에는 고양이가 행복할 때 보이는 행동을 알려드릴게요. 다음의 〈도표 1〉을 보며 우리 고양이의 행동을 떠올려보세요. 고양이의 속마음을 더 깊이 알아가 봅시다.

• 도표 1 고양이가 행복할 때 보이는 행동 10가지

고양이 행동	행동의 의미
골골송을 부른다.	기분 좋을 때, 만족감을 느낄 때 보이는 행동. 때때로 불안할 때 스스로를 안심시키기 위한 카밍 시그널이기도 하고요.
꼬리를 일자로 빳빳하게 세운다.	고양이가 기분이 좋고 신났을 때 보이는 행동. 개는 꼬리를 흔드는 것으로 기쁨을 표시하지만 반대로 고양이가 꼬리를 흔드는 것은 불만의 표현이에요.
꼬리나 뺨을 집사의 몸에 비빈다.	집사에게 보여주는 애정 표현. 자신의 냄새를 묻혀 영역을 표시하는 행동으로 집사가 자신의 영역에 속한다는 것을 뜻해요.
수염이 느슨하게 늘어져 있다.	고양이 마음이 매우 편안한 상태. 반대로 활처럼 빳빳하게 서 있다면 경계하고 있다는 표현입니다.
배를 보이며 뒹굴뒹굴한다.	고양이에게 배는 치명적인 약점이에요. 배를 보여주는 것은 집사를 매우 신뢰한다는 뜻으로 반가움의 표현이기도 합니다.
집사에게 그루밍을 하거나 박치기를 한다.	고양이가 얼굴이나 손을 핥아주거나 이마로 박치기를 하는 것은 "네가 너무 좋아!"라는 의미예요. 고양이가 할 수 있는 최고의 행복 표현이죠.

 천천히 눈인사를 한다.	고양이가 집사를 쳐다보며 눈을 가볍게 감았다가 뜨는 것을 '눈인사'라고 해요. 신뢰와 애정의 표현으로 지금 매우 안정적이고 행복한 상태라는 뜻입니다.
 발톱 스크래칭을 한다.	집사가 귀가했을 때나 밥을 먹거나 화장실에 다녀왔을 때 고양이가 집사 앞에서 발톱을 가는 행동을 한다면, 기분이 좋고 만족도가 높다는 의미입니다.
 눈을 가늘게 뜬다.	고양이가 마치 잠이 오듯 눈을 가늘게 뜨고 쉬고 있다면 적의나 경계가 없이 안심하고 있는 상태. 생활환경에 안정감을 느끼고 있다고 보면 돼요.
 쯥쯥이, 꾹꾹이를 한다.	원래는 새끼 고양이가 엄마 고양이에게 어리광을 부리는 행동으로, 고양이가 집사에게는 물론 이불이나 옷을 입으로 빠는 쯥쯥이 혹은 발로 꾹꾹 누르는 꾹꾹이를 한다면 안심과 신뢰의 표현입니다.

 비마이펫 Tip

스트레스에 예민한 고양이!
고양이는 다른 반려동물에 비해 유독 스트레스에 예민해요. 집사가 잘못된 행동을 보이거나 주변 환경이 잘 갖추어지지 않으면 굉장히 스트레스를 받습니다. 특히 고양이 스트레스는 우울증, 식욕 감퇴를 넘어 질병으로도 이어질 수 있어요. 단순히 고양이에게 사랑을 쏟는 것을 넘어 고양이의 스트레스를 예방하기 위한 방법을 차근차근 알아봅시다.

우리 고양이가 스트레스받고 있다고요?

너, 내 집사가 맞냥?

고양이는 환경 변화와 스트레스에 예민한 동물이에요. 고양이는 야생에서 일정 영역에서만 생활하던 영역 동물이기 때문에 관리해야 할 영역이 넓어질수록 예민해질 수밖에 없답니다.

고양이에게 영역이란 공간, 집사 등 고양이에게 영향을 미치는 주변의 모든 것입니다. 그래서 집사에게는 사소한 변화가 고양이에게는 큰 스트레스로 다가와요. 특히 집에 누군가 찾아온다거나 새로운 가족과의 합사와 같은 거주 공간의 변화는 고양이에게 거대한 스트레스로 다가오죠. 일상 속에서 고양이가 마주하게 되는 스트레스 상황들과 그에 대한 대처법은 뒤에서 차차 설명하고, 이번 챕터에서는 고양이가 원치 않는 상황, 즉 스트레스 상황 속에 놓인 고양이의 행동이 무엇인지 알아보겠습니다. 고양이가 스트레스에 지속적으로 노출될 경우 평소와 다른 행동을 하고, 오랜 기간 방치한 경우 큰 질병으로 발전할 수 있으니 일상 속 고양이 행동을 늘 관심 있게 지켜보는 것이 중요해요.

✓ 고양이가 스트레스를 받을 때

다음은 고양이가 스트레스를 받았을 때 보이는 대표적인 일곱 가지 행동이에요. 각 행동에 따라 고양이가 받고 있는 스트레스 정도와 함께 대처 방법을 소개합니다.

1. 두리번두리번 둘러본다 (스트레스 위험도 1단계)

고양이가 동공을 크게 뜨고 주변을 두리번두리번 둘러본다면 불안감을 느끼고 주변을 경계한다는 의미예요. 갑자기 큰 소리가 나거나 낯선 사람의 목소리가 들렸을 때 자주 보이는 행동이죠. 너무 긴장하지 않도록 상냥한 목소리로 이름을 불러주며 안정시켜주도록 합시다.

2. 몸을 낮추고 걷는다 (스트레스 위험도 1단계)

고양이가 귀를 뒤로 젖힌 채 몸을 바닥으로 바짝 낮추고 있다면 뭔가를 무서워하거나 경계한다는 의미예요. 이럴 때는 고양이가 숨을 수 있는 안전한 공간을 마련해주는 것이 좋아요.

3. 꼬리를 빠르게 흔든다 (스트레스 위험도 2단계)

고양이가 꼬리 끝을 빠르게 흔들거나 바닥을 탁! 탁! 친다면 지금 굉장히 불만스러운 상태라는 것을 의미해요. 만약 고양이를 쓰다듬거나 안고 있을 때 이런 행동을 보인다면 불편하다는 뜻이므로 재빨리 내려놓거나 스킨십을 멈추어야 합니다.

4. 털을 곤두세우고 하악질을 한다 (스트레스 위험도 2단계)

만화에서 나오는 것처럼 고양이의 꼬리가 너구리의 꼬리처럼 부풀어 오르거나 털이 곤두선다면 흥분 상태를 의미해요. 여기서 "하악" "카악" 같은 소리를 내며 하악질을 한다면 더 이상 다가오지 말라는 뜻이죠. 매우 놀라거나 긴장했을 때 보이는 행동이니 고양이 스스로 안정될 때까지 기다려주세요.

5. 큰 소리로 길게 운다 (스트레스 위험도 3단계)

수다쟁이 고양이도 있지만, 고양이는 평상시에 울음소리를 잘 내지 않는 경우가 많아요. 하지만 평소와 달리 큰 소리로 계속 운다면 불안하거나 어딘가 아프다는 의미일 수 있어요. 배가 고프거나 화장실이 더러울 때처럼 요구 사항이 있을 때도 울기 때문에 원인을 파악하는 것이 중요합니다.

6. 입을 벌리고 호흡을 한다 (스트레스 위험도 3단계)

고양이는 코로 숨을 쉬기 때문에 격한 운동을 하지 않는 이상 입을 벌리고 숨을 쉬지 않아요. 만약 고양이가 일반적인 상황에서 입을 벌리고 숨을 가쁘게 쉰다면 극도의 불안이나 스트레스를 느끼고 있다는 뜻이니 주의하세요. 시간이 지나도 진정되지 않는다면 동물 병원에 전화해 상담받아 보는 것이 좋아요.

7. 소변 실수를 한다 (스트레스 위험도 3단계)

고양이는 누가 가르쳐주지 않아도 어렸을 때부터 화장실을 가릴 수 있어요. 고양이가 갑자기 화장실이 아닌 곳에서 소변을 본다면 극도의 스트레스를 받는다거나 불안해한다는 표현일 수 있어요. 소변 실수는 건강 문제 때문일 확률도 높기 때문에 혼내지 말고 고양이의 상태를 지켜본 뒤 진찰받도록 합시다.

고양이가 스트레스를 받았을 때 보이는 대표적인 행동에 대해 알아봤습니다. 만약 우리 고양이가 스트레스를 받고 있는 것 같다면, 원인을 찾아 해결해야 합니다.

CHECK 고양이에게 스트레스를 주는 요인

☐ 싸움 소리나 함성 같은 큰 소리를 들었을 때

☐ 이사 또는 집 인테리어에 변화가 생겼을 때

☐ 화장실 모래, 사료, 식기를 갑자기 바꿨을 때

☐ 다른 반려동물과의 합사

☐ 집사에게 새로운 가족 구성원이 생길 때

☐ 집사의 장시간 외출로 인한 분리불안

☐ 낯선 환경에 노출되었을 때(산책, 외출 등)

 비마이펫 Tip

고양이 스트레스 위험도를 기억하세요
위험도 3단계에 해당하는 행동은 고양이가 극도의 스트레스를 받고 있다는 것을 의미해요. 위험도 3단계라고 판단된다면 즉시 병원에 가야 합니다. 특히 소변 실수는 고양이가 잘 걸리는 질병과도 관계가 있을 수 있으니 주의해야 합니다.

먼저 고양이의 본성을 알아야 합니다

호잇!
내가 누군지 알라옹!

사람과 고양이는 언제부터 함께 살았을까요? 자료에 따르면 최소 9,000년 전 고대 중동 지역에 농업이 발달하기 시작했을 때였다고 해요. 사람과 함께한 시간이 오래되긴 했지만 고양이 특유의 예민하고 까다로운 성격 때문에 고양이를 키우는 것은 생각보다 쉽지 않아요.

고양이의 마음을 제대로 알려면 먼저 동물학적 관점으로 바라봐야 합니다. 고양이의 본능과 습성, 신체적 특징에 대해 아는 만큼 고양이의 행복도를 높일 수 있기 때문이에요. 고양이를 이해하기 위해 꼭 알아야 하는 기본 지식을 알아봅시다.

✓ 고양이 야생 본능과 습성 알아보기

야생의 육식 사냥꾼, 작은 맹수!

고양이의 귀엽고 깜찍한 외모, 사뿐사뿐한 걸음걸이를 마주하는 집사의 마음은 사르르 녹아버립니다. 하지만 잊지 말아야 할 사실이 있어요. 바로 고양이는 동물 중에서도 육식성이 가장 강한 고양잇과라는 사실! 언뜻 보면 개보다 몸집이 작아서 마냥 약할 것 같지만, 사실 고양이의 사냥꾼 본능은 상상을 초월합니다. 한번 물면 놓지 않는 날카로운 송곳니와 매서운 발톱, 자신의 키 5배 이상 높이도 가볍게 뛰어오르는 점프 실력과 시속 48km의 빠른 달리기 실력은 사냥감을 잡는 데 최적화되어 있어요.

그래서 집고양이라 하더라도 매일 30분 이상 사냥 놀이로 사냥 본능을 마음껏 표출하게 하고, 캣타워 등을 활용해 상하 운동을 충분히 할 수 있게끔 해줘야 한답니다. 또 자기의 영역과 공간을 지키려는 본능이 강하기 때문에 낯선 사람이나 동물에게 경계심과 적대감이 강하고 함께 지내는 동물과 영역 싸움을 할 수 있어요.

우수한 신체 능력과 뛰어난 감각기관

고양이는 한 뼘이 채 되지 않는 좁은 울타리 위, 담벼락 위에서도 흔들리지 않고 걸어가는 우수한 균형 감각과 몸길이의 최대 9배 이상의 높이에서 떨어져도 무사히 착지하는 놀라운 능력을 갖고 있어요. 특히 고양이는 '고양이 액체설'이라는 말이 있을 정도로 유연함을 자랑합니다. 작은 상자나 어항 같은 좁은 공간에 쉽게 들어가는 고양이의 비밀은 바로 쇄골에 있다고 해요. 고양이 쇄골은 뼈가 아닌 근육과 연결되어 있어 유연하게 움직일 수 있다고 합니다.

그러니 집 안에서 고양이가 닿지 못할 곳은 없다는 것을 반드시 기억하세요. 특히 높은 곳에 있는 물건을 떨어뜨려 깨질 수 있다는 점도 늘 주의하세요. 우리 손에는 닿지 않는 곳도 고양이에겐 식은 죽 먹기일 테니까요. 고양이 신체에 대한 더 자세한 내용은 뒤에서 설명할게요.

종잡을 수 없는 변덕 대마왕

기분 좋은 듯 집사의 빗질과 스킨십을 즐기다가 어느 순간 표정을 바꾸고 공격해 오는 고양이의 변덕. 집사라면 모두 경험해 보았을 거예요. 평소와 다름없이 잘 놀다가 갑자기 물거나 공격하는 고양이 때문에 당황스럽기도 하고 억울한 마음이 들 때도 있죠. 하지만 이런 고양이의 변덕에는 저마다 이유가 있을 수 있답니다.

특히 한 살 이하의 어린 고양이라면 공격의 의미보다는 이갈이나 장난에 가깝기 때문에 너무 서운해하지 마세요. 만약 스킨십에 익숙한 고양이가 어느 날 유난히 공격적인 행동을 보인다면 질병이나 부상으로 통증을 느끼기 때문일 수 있으니 고양이의 행동을 잘 관찰해보세요. 고양이는 좋고 싫음이 분명한 동물이에요. 따라서 급작스러운 행동 변화를 공격이 아니라 의사 표현이라고 생각해보세요.

까칠한 예민 보스

영역 동물인 고양이는 다른 반려동물보다 생활공간의 변화를 매우 민감하게 받아들여요. 때때로 집사가 무심코 새로 들여온 물건이나 가구에도 스트레스를 받곤 한답니다. 우선 화장실이나 사료, 식기처럼 고양이 생활에 밀접한 용품은 자
주 바꾸지 않는 것이 좋습니다. 만약 고양
이 용품을 꼭 바꿔야 한다면, 새 용품을 기
존 것과 함께 사용하면서 적응할 시간을 주
어야 합니다. 특히 사료를 갑자기 바꿨을 때
는 고양이 스스로 금식하거나 설사, 구토 같은 증상을 보일 수도
있으니 주의해야 해요.

또 고양이 중에는 유독 자신의 물건에 애착을 보이는 아이들
이 있어요. 이런 아이들은 장난감이나 담요를 바꾸는 것만으로도
스트레스를 받습니다. 예민한 고양이와 함께라면 물건을 바꿀 때
도 가급적 동일한 제품으로 고르고 완전히 익숙해질 때까지 기
존 물건을 버리지 않도록 합시다.

독립적인 마이 웨이 스타일

각자 차이는 있지만 대부분의 고양이는 독립적인 성격이 강합
니다. 역사상 야생 고양이는 무리 생활을 하지 않고 독립적으로
사냥하는 동물이기 때문에 개에 비해 동료 의식이나 서열, 주종
개념이 거의 없어요. 집사를 자신보다 서열이 높은 존재나 일방
적으로 복종해야 할 대상으로 보지 않고, 함께 살고 있는 동료 정

도로 인식할 확률이 높아요. 물론 고양이의 세계에도 서열은 있지만 이는 단순히 자신보다 강하다는 사실을 인정하는 것뿐이지 자신이 따라야 하는 리더라고 생각하는 것은 아닙니다.

그래서 고양이는 집사에게 의존하거나 무조건적으로 따르지 않아 훈련하기 어려워요. 고양이를 훈련한다는 개념은 문제 행동을 교정하는 것이며 개를 훈련하는 것과는 전혀 다르다는 사실을 기억하세요. 고양이의 독립적이고 자유로운 성격을 충분히 이해하는 것이 중요해요.

✔ 고양이 몸에 대해 이해하기

이번에는 고양이의 몸에 대해 알아봅시다. 오밀조밀하게 모여 있는 귀여운 눈, 코, 입부터 꼬리, 다리, 발바닥…. 생각만 해도 기분이 좋아지지요?

고양이 눈

고양이는 심각한 근시라서 약 6m 이상의 거리에 있는 물체는 구분하기 어려워요. 빨간색과 녹색을 구분하지 못하는 적록색맹이기도 합니다. 이를 보완하기 위해 고양이에게 부여된 능력이 동체 시력과 야간 시력입니다. 움직이는 사냥감을 포착하는 동체 시력은 사람보다 약 4배, 야간 시력은 사람보다 약 6배 뛰어나다고 해요.

고양이 귀

고양이의 청각은 굉장히 뛰어나요. 사람이 들을 수 있는 범위는 20,000Hz, 개는 45,000Hz인 반면, 고양이는 이보다 더 넓은 범위인 64,000Hz까지 들을 수 있습니다. 100m 밖에서 나는 소리를 파악하는 건 기본이고, 심지어 소리를 통해 사냥감의 종류와 크기를 짐작할 수 있다고 해요.

고양이 코

후각 하면 개를 떠올리지만, 고양이 후각도 만만치 않습니다. 고양이 후각은 사람보다 약 10만 배 예민해요. 아주 희미한 냄새도 맡을 수 있고 사람은 느끼지 못하는 페로몬도 감지할 수도 있어요. 고양이는 코를 통해 온도를 측정하기도 해요. 고양이 코는 아주 예민해서 약 0.5℃의 온도 차이도 느낄 수 있다고 합니다.

고양이 혀

고양이 혓바닥에는 뾰족한 가시 모양의 돌기가 솟아 있어요. 고양이가 핥아줄 때 까슬한 느낌이 나는 이유입니다. 뾰족한 돌기 덕분에 고양이는 엉킨 털을 쉽게 풀 수 있고, 털 깊숙한 곳에 있는 이물질이나 벼룩 등을 잡아낼 수 있어요. 고양이의 혀가 지닌 이러한 특징은 모든 고양잇과 동물들이 지닌 특징 중 하나랍니다.

고양이 수염

고양이의 수염은 특별해요. 고양이는 입 주변은 물론 눈 위, 턱, 앞발 뒷부분 등 몸 곳곳에 수염이 있어요. 이런 수염 주변에는 많은 신경이 지나가요. 따라서 고양이에게는 수염이 감각기관 중 하나이기 때문에 아주 미세한 진동과 기류 변화를 느끼고 주변 물건의 위치, 거리, 물체의 질감, 크기 등을 탐색할 수 있답니다. 어두울 때는 수염의 감각으로 앞을 분간하기도 합니다.

고양이 배

고양이 배는 말랑말랑하고 축 처져 있어요. 이는 살이 쪄서 그런 게 아니랍니다. 이 부위를 원시 주머니라고 하는데, 원시 주머니는 배 속 내장 기관을 지켜줍니다. 고양이의 재빠르고 날랜 움직임과 유연성에도 도움을 준답니다.

고양이 피부

고양이는 그루밍을 통해 온몸을 깨끗하게 닦아내요. 하지만 꼬리나 턱 부위는 피지가 많이 나오는데 그루밍하기도 어려운 부위라 종종 여드름이 생기곤 합니다. 여드름을 예방하기 위해 주기적으로 따뜻한 물수건으로 닦아주고 빗질도 해주면 좋답니다.

고양이 발바닥

색깔에 따라 핑크 젤리, 포도 젤리, 초코볼 등으로 불리는 귀여운 고양이 발바닥! 고양이 발바닥은 땀샘이 위치한 예민한 부위이며 말랑말랑하고 탄력이 있기 때문에 높은 곳에서 뛰어내릴 때 받는 충격을 흡수하는 역할을 해요. 또 발소리를 숨기는 데도 도움을 준답니다.

고양이 발톱

고양이의 발톱은 아주 날카로워요. 덕분에 고양이는 높은 곳도 쉽게 오르내릴 수 있고, 위기에 처했을 때는 아주 강력한 무기로 사용하죠. 다만 유용하다고 해서 깎지 않으면 오히려 고양이가 다칠 수 있으니 2~3주에 한 번씩은 깎아주세요. 참고로 고양이 영양 상태가 좋지 않으면 발톱이 갈라지고 푸석해지니 늘 발톱을 잘 살펴봐주세요.

고양이 꼬리

고양이에게 꼬리는 없어서는 안 될 중요한 부위예요. 꼬리는 고양이가 높은 곳에서 떨어지거나 좁은 공간을 걸을 때 균형 잡는 걸 도와줍니다. 또 고양이는 꼬리를 통해 다양한 감정을 표현해요. 고양이 기분을 알고 싶다면 꼬리의 움직임을 자세히 살펴보면 됩니다.

고양이 항문

고양이 항문에는 항문낭이라는 기관이 있습니다. 이 항문낭에서는 항문낭액이 분비되어 배변할 때 자연스럽게 배출돼요. 하지만 그렇지 않은 경우도 있어요. 항문낭액이 배출되지 않으면 염증이 생기기 때문에 집사가 직접 짜줘야 합니다. 만약 바닥에 엉덩이를 대고 끄는 일명 '똥꼬스키'를 탄다면 항문낭도 체크해주세요.

 비마이펫 Tip

아직 가축화되지 않은 고양이

고양이는 고대부터 무리 생활 대신 독립 생활을 영위했어요. 사람과 함께 살기 시작했을 때도 개는 사람에게 길들어 썰매견, 목축견, 조렵견 등 사람을 전적으로 도왔던 반면, 고양이는 쥐나 작은 동물을 잡는 정도의 생활을 했습니다. 개와 달리 쉽게 길들지 않은 특성을 지닌 고양이는 아직 가축화되지 않은 동물이라고 할 수 있죠.

집사라면 꼭 알아야 하는 고양이 질병

고양이는 반려동물 중에서도 유난히 잔병치레가 많은 동물이에요. 개는 선천적인 질환이 아니라면, 노화와 관련된 질병이 두드러지는 반면, 고양이는 어릴 때부터 스트레스성 질병이 잘 발현됩니다.

그래서 고양이를 키울 때는 고양이가 걸릴 수 있는 질병이 무엇인지, 그에 따른 고양이가 아프다는 신호를 알아채는 것이 매우 중요해요. 고양이의 신호가 그지 문제 행동으로 여겨지거나 집사가 보기에 별거 아닌 행동이라고 생각해 질병을 키우는 경우가 정말 많거든요. 평소 고양이의 행동을 유심히 살펴봐야 합니다. 이번 챕터에서는 먼저 고양이에게 흔한 질병이 무엇인지 알아보겠습니다.

√ 고양이가 자주 걸리는 질병

방광염

방광염은 고양이가 자주 걸리는 질환이에요. 관리를 잘해준다면 큰 문제없이 생활할 수 있으니 너무 걱정할 필요는 없어요. 다음의 고양이 방광염 증상을 보면, 평소 소변에 대한 모든 것을 잘 살펴보는 것이 중요하다는 사실을 알 수 있어요.

증상을 보인다면 병원에 가서 정확한 진단을 받아야 합니다. 세균 감염으로 인한 세균성 방광염인지, 뚜렷한 원인을 알 수 없는 특발성 방광염인지에 따라 치료법이 달라지기 때문이에요. 특히 고양이 방광염은 특발성인 경우가 많은데, 이때는 의사의 지시에 따른 처방식

방광염 증상

☐ 소변 횟수 증가
☐ 피가 섞인 소변
☐ 화장실에서 나오지 않는다.
☐ 소변 실수
☐ 탁한 소변 색
☐ 소변 악취
☐ 과도한 생식기 그루밍

을 급여하고 음수량과 스트레스 관리에 특히 신경 써야 합니다. 앞에서 말했듯 고양이는 냄새와 맛에 까다로워 처방식을 거부할 수도 있어요. 이때는 기존 사료와 섞어서 적응 기간을 가지며 처방식에 익숙해지도록 해야 합니다.

방광염을 관리하기 위해서는 무엇보다 고양이가 스트레스를 받지 않도록 신경 쓰는 것이 가장 중요해요. 늘 화장실을 깨끗하게 유지하고 스트레스를 해소시킬 놀이 시간도 충분히 가지는 게 필요합니다.

구내염 증상
- ☐ 과도한 침 흘림
- ☐ 심한 입 냄새
- ☐ 체중 감소
- ☐ 호흡곤란
- ☐ 입을 계속 벌리고 있다.
- ☐ 그루밍을 하지 못해 털이 지저분하다.

구내염

구내염 또한 고양이들이 자주 걸리는 질병 중 하나입니다. 원인으로는 잇몸 질환, 치아에 쌓이는 치석, 바이러스 감염 그리고 면역력 저하 등 다양합니다. 특히 치아와 잇몸 사이에 쌓인 치석은 구내염뿐 아니라 잇몸과 잇몸 뼈 주변까지 염증을 유발해요. 이를 예방하기 위해서는 가능히면 매일, 최소 주 2~3회 양치를 시켜주는 게 정말 중요합니다. 고양이 양치 방법은 파트 3의 '고양이가 싫어한다고 양치를 미뤄서는 안 돼요'에서 설명하겠습니다.

구내염의 경우 단계에 따라 치료법이 달라집니다. 입 냄새가 나기 시작하는 초기 단계라면 약물 치료와 스케일링으로 치료할 수 있습니다. 하지만 염증과 통증이 심해졌다면 이빨을 뽑는 수술이 필요할 수 있습니다.

허피스

허피스는 사람의 감기와 증상이 비슷해 '고양이 감기'라고도 불립니다. 감염된 고양이와 직접 접촉하거나 콧물, 침 등 분비물을 통해 전파되며, 1~5일의 잠복기가 있고 전염력이 매우 강합니다. 한번 걸리면 만성 비염으로 발전하거나, 면역력이 떨어질 때마다 증상이 다시 나타날 수 있어요. 그런 만큼 꾸준히 증상을 체크하는 것이 필요합니다. 만일 다묘 가정에서 길고양이를 입양한다면, 병원에서 검사한 후 격리 기간을 갖고 합사하는 게 안전하겠죠?

허피스 증상

- ☐ 콧물
- ☐ 재채기
- ☐ 거친 숨소리(쌔액쌔액)
- ☐ 발열
- ☐ 눈곱, 눈물 및 충혈
- ☐ 발열
- ☐ 구토 및 설사 등 소화기 증세

고양이가 허피스 증세를 보인다면, 바로 동물 병원에서 진찰을 받아야 해요. 건강한 성묘라면 콧물, 재채기 등 가벼운 증상만 겪고 지나가지만, 나이가 어리거나 면역력이 약한 고양이는 무기력증, 식욕부진, 심한 결막염, 인후염 등의 증상을 겪을 수 있습니다. 심각한 경우 저혈당 쇼크, 탈수, 폐렴 증상으로도 이어질 수 있어요.

다행히 허피스는 백신주사로 예방 가능합니다. 100% 예방되는 것은 아니지만, 예방접종을 마쳤다면 감염되어도 증상이 완화되니 반드시 접종해주세요.

✓ 백신으로 예방하는 고양이 질병

고양이의 질병을 예방하기 위한 다양한 종류의 고양이 백신이 있어요. 한국고양이수의사회에서는 필수 백신을 4종 종합 백신과 광견병 백신으로 선정하고 생후 6주부터 1년 주기로 접종하는 것을 권장합니다.

먼저 고양이 4종 종합 백신은 앞에서 언급한 허피스를 포함해 칼리시, 클라미디아, 파보 네 가지 질환을 예방하는 접종이에요.

첫째, 칼리시는 허피스와 비슷한 상부 호흡기 질환 중 하나로, 입안에 구내염을 일으키며 증상이 심할 경우 폐렴, 관절염까지 일으킬 수 있습니다. 둘째, 클라미디아의 경우 허피스와 증상이 거의 비슷한데, 결막염과 콧물, 재채기, 폐렴 등의 증상을 일으킵니다. 차이점은 허피스나 칼리시는 바이러스성 질환인 반면 클라미디아는 박테리아성 질환이란 점입니다. 셋째, 파보는 고양이 범백을 일으키는 바이러스입니다. 범백은 전염성이 강한 바이러스성 장염으로 치사율이 매우 높으며 구토, 설사, 발열, 혈변 등을 일으켜요.

마지막으로 광견병은 사람에게 전염될 수 있는 인수공통전염병으로, 이름과는 달리 고양이를 비롯한 모든 동물의 필수 백신입니다.

이외의 백신은 다묘 가정 또는 고양이 건강 상태에 따라 수의사와의 상담을 통해 선택 접종하면 됩니다.

 비마이펫 Tip

고양이 소변 색은 건강의 척도!
평소와 다른 고양이 소변 색은 건강의 이상 신호예요. 화장실 모래를 흰색으로 준비해두면 고양이 소변 색을 쉽게 정확히 관찰할 수 있어요. 평소 소변의 색을 알아두는 것이 먼저 선행되어야겠죠?

고양이가 싫어하는 사람의 특징이 있어요

도무지 알다가도 모르겠는 고양이의 마음. 집사에게 마음을 주는 것 같다가도 이내 거리를 두곤 하지요. 그런데 우리가 무심코 하는 행동 중에 고양이를 괴롭히는 것이 있다는 사실을 아시나요?

고양이의 마음을 알고 신뢰를 쌓아가는 첫 단계는 고양이가 싫어하는 행동을 하지 않는 것이에요. 때때로 집사의 사랑 표현이 고양이에게는 스트레스를 유발하는 상황이 될 수 있다는 것을 항상 염두에 두어야 합니다. 이번 챕터에서는 고양이가 싫어하는 사람의 다섯 가지 특징을 알아보겠습니다.

✓ 고양이를 자꾸 안는다

고양이는 속박을 싫어하는 동물이기 때문에 자신의 신체를 꽉 안아 움직일 수 없게 만드는 것을 굉장히 싫어해요. 만일의 상황에서 도망갈 수 없다는 위기의식 때문에 불안해하죠.

앞에서 스트레스 상황 속에 놓인 고양이의 행동 기억나시죠? 안았을 때 고양이가 꼬리를 빠르게 탁! 탁! 하고 흔들거나, 울음소리를 낸다면 불편하다는 뜻이니 바로 놓아주세요. 약을 먹이거나 양치를 시키거나 발톱을 깎을 때처럼 반드시 안아야만 하는 상황이 아니라면 고양이가 원하는 대로 내버려두는 것이 가장 좋습니다. 만약 계속해서 원치 않는 스킨십을 한다면 스킨십에 대한 부정적인 인식이 생겨 집사에게 다가오지 않거나 피하게 될 수도 있어요.

✓ 항상 고양이를 옆에 두려고 한다

고양이는 성격이 독립적이라 어느 정도 혼자만의 시간을 갖는 것이 필요해요. 그런데 고양이를 매번 따라다니거나 쓰다듬으려고 한다면 고양이가 스트레스를 받을 수 있어요. 많은 집사들이 고양이가 잠을 잘 때 발바닥 젤리와 배를 만지려고 하는데, 사람도 자고 있을 때 귀찮게 하면 피곤하듯 고양이도 마찬가지랍니다. 고양이는 하루 대부분의 시간에 잠을 자는 것처럼 보이지만 실제로 숙면을 취하는 시간은 얼마 되지 않기 때문에 충분히 쉴 수 있게 배려해주세요.

√ 흥분한 목소리, 큰 소리를 낸다

고양이의 귀엽고 깜찍한 모습에 그만 나도 모르게 큰 소리로 기쁨을 표현할 때가 있지요? 하지만 고양이는 청력이 매우 좋은 동물이기 때문에 작은 소리에도 민감하게 반응하므로 조심해야 합니다. TV를 보거나 전화 통화를 하면서 무심코 낸 큰 웃음소리 혹은 고함 등이 고양이에게 두려움이나 불안감을 줄 수 있어요. 실제로 고양이가 집사의 고함을 듣고 한동안 피하거나 털을 세우고 하악질을 하는 경우도 있으니 주의합시다.

일반적으로 고양이가 여성보다 남성을 더 경계하는 가장 큰 이유도 굵고 큰 목소리라고 해요. 그러므로 고양이에게 말을 걸 때는 높은 톤으로 상냥하게 말하는 것이 좋습니다.

✓ 강한 냄새를 풍긴다

고양이는 청각만큼 후각도 매우 예민한 동물이라서 싫어하는 냄새가 나면 바로 피해버립니다. 흔히 고양이가 싫어하는 냄새라고 하면 악취를 생각하기 쉽지만, 대부분의 사람에게는 향기롭게 느껴지는 감귤계(시트러스), 민트계 냄새가 고양이에게는 악취입니다. 고양이와 함께 생활한다면 향이 지나치게 강한 향수나 화장품을 피하고 방향제나 룸 스프레이 사용도 자제하는 것이 좋아요. 특히 담배 냄새나 아로마 오일의 경우 고양이 건강에 치명적인 위험 요인이 될 수 있기 때문에 주의해야 합니다.

✓ 낯선 몸짓이나 행동반경이 큰 몸짓을 한다

'집에서 요가를 할 때마다 고양이가 하악질을 해요' '그냥 움직였을 뿐인데 고양이가 피해요'라는 고민을 상담하는 분들이 많아요. 사람에게는 별거 아닌 행동이지만 고양이에게는 '갑자기 집사가 이상한 행동을 한다, 경계 태세 발동!'이라고 느낄 수 있습니다. 대부분 시간이 지나면 진정되지만, 예민한 고양이라면 며칠간 계속 털을 세우거나 경

계할 수 있어요. 이외에도 앉아 있다가 갑자기 일어나거나 코트 혹은 패딩 같은 큰 옷을 걸쳐 입는 등 일상적인 행동에도 이런 모습을 보일 수 있습니다.

고양이가 동공을 확장하고, 경계하듯 털을 세우거나 멈칫하며 쳐다본다면 즉시 행동을 멈추고 몸을 낮춰 고양이를 안정시켜주세요. 고양이가 해당 상황에 익숙해질 때까지 기다려주는 것이 중요합니다.

화난 고양이 진정시키는 법
고양이가 공격성을 보일 때는 집사가 당황하는 모습을 보이면 안 돼요. 오히려 고양이를 자극해 더 흥분시킬 수 있어요. 고양이 마음을 가라앉히려면 핑고처럼 심심하게 킹듕하고 부느럽게 말을 걸어주세요. 또 무리해서 달래기보단 고양이가 스스로 진정할 때까지 가만히 내버려두는 게 좋답니다.

기본적으로 고양이는 경계심이 강한 동물이기 때문에 대부분 첫 만남에서는 친해지기 어렵습니다. 성급하게 다가갔다가 오히려 멀어질 수 있으니 고양이의 속도에 맞춰 천천히 다가가는 것이 중요해요. 고양이와의 첫 만남, 어떻게 하면 좋을까요?

✦ 고양이와 처음 만날 때는 이렇게!

먼저 다가올 때까지 기다리기

익숙한 집이 아닌 바깥, 낯선 환경에 놓인 고양이는 경계심이 평소보다 커져요. 이때 갑자기 낯선 사람이 다가오기까지 한다면 위협을 느낄 수 있습니다. 따라서 고양이와 처음 만났다면 먼저 다가올 때까지 기다리는 게 좋아요. 만약 고양이가 다가왔다고 해도 섣불리 손을 내밀거나 만지지 마세요.

목소리 톤 높이기

고양이는 낮은 목소리보다 높은 목소리를 좋아해요. 따라서 남성보다는 여성의 목소리를 좋아하는 경우가 많습니다. 고양이에게 말을 걸 때는 목소리 톤을 조금 높이고, 가능하면 차분하고 부드러운 목소리를 내는 게 좋습니다.

자세 낮추고 다가가기

선 채로 다가간다면, 고양이는 두려움이나 위압감을 느낄 수 있습니다. 고양이 입장에서는 낯설고 거대한 물체가 다가오는 것이기 때문이죠. 특히 경계심이 많은 고양이에게 다가갈 때는 무릎을 꿇고 앉거나 엎드리는 등 최대한 자세를 낮춰주세요.

간식과 장난감 활용하기

간식과 놀이는 모든 고양이가 좋아하지요. 자세를 낮춘 채 간식과 장난감을 들고 고양이의 관심을 끌어보세요. 물론 고양이가 장난감에 흥미가 떨어지거나 간식을 다 먹은 후에는 다시 도망갈 수 있어요. 그렇다고 해도 실망하지 말고 일단 내버려두세요. 계속 반복하다 보면 어느새 고양이와 친해져 있을 거예요.

손 냄새 맡게 해주기

고양이는 코를 맞대고 서로의 냄새를 맡으며 상대가 적인지 동료인지 살펴볼 만큼 냄새로 다양한 정보를 파악해요. 따라서 고양이의 경계심을 늦추기 위해서는 손을 아래로 내밀어 냄새를 충분히 맡게 하는 게 좋습니다. 이때 고양이의 경계심이 조금 풀렸다면, 꼬리를 세운 채 주변을 어슬렁거리는 등의 행동을 할 거예요.

코를 살짝 만져보기

고양이가 어느 정도 경계를 푼 것 같다면 살짝 쓰다듬어도 좋아요. 하지만 머리 위쪽으로 손을 올려 만지려 한다면 무서워할 수 있어요. 그러므로 고양이가 볼 수 있는 범위 안에서 살짝 쓰다듬는 게 좋습니다. 고양이 얼굴 정면 방향에서 콧등이나 뺨, 털을 살짝 쓰다듬어보세요. 이때 고양이가 눈을 가늘게 뜬다면 마음을 조금 더 열었다는 뜻이랍니다.

고양이와의 첫 만남, 이것만 기억하세요!

🔍 움직임이 큰 행동, 큰 소리는 조심하기

큰 소리는 물론 물건을 옮기거나 기지개 켜기 같은 움직임도 고양이를 놀라게 할 수 있어요. 심하면 고양이가 공포를 느껴 도망갈 수 있죠. 그러므로 고양이와 만난 지 얼마 되지 않았다면 움직임이 큰 행동을 조심하고, 큰 소리를 내지 않도록 주의해야 합니다.

🔍 눈을 똑바로 쳐다보지 않기

대부분 고양이는 눈을 마주치는 것을 적의나 공격 신호로 받아들여요. 그러므로 아직 고양이와 친해지지 않았다면 눈을 똑바로 쳐다보지 않는 것이 좋습니다. 충분히 신뢰가 쌓였다면, 고양이가 집사와 눈을 맞췄을 때 천천히 눈을 감았다 뜨는 '눈인사'를 해줄 거예요.

🔍 고양이의 기분 파악하기

사람과 마찬가지로 고양이도 기분이 좋지 않을 때 누군가가 다가오는 걸 싫어할 수 있습니다. 다가가기 전에 고양이의 꼬리, 표정 등 다양한 행동 언어를 살펴보며 기분을 먼저 파악하면 좋아요. 보통 고양이가 기분이 좋지 않을 때는 다음과 같은 행동을 보이니 참고하세요.

- 귀가 옆이나 뒤로 납작하게 누워 있다.
- 동공이 가늘어진다.
- 꼬리를 몸속으로 숨기고 있다.
- 꼬리를 빠르게 움직이며 바닥을 치기도 한다.
- 털을 곤두세운다.

PART 2

삑! 고양이가 싫어하는 집사의 행동입니다

고양이를 긴 시간 혼자 둬선 안 돼요

째깍

째깍

집사야, 언제 오냐옹….

흔히 고양이는 개와 달리 외로움을 타지 않고 혼자서도 잘 지낸다고 알려져 있어요. 그런데 이건 잘못된 정보입니다. 사실 전혀 그렇지 않아요. 고양이도 집사와 떨어져 있는 동안 외로움이나 우울감을 느껴요. 개에 비해 티가 나지 않아서 사람들이 눈치채지 못하는 것뿐이죠.

고양이 역시 혼자 있는 시간이 길어지면 극심한 불안감과 긴장을 느끼고, 이 때문에 분리불안 증세가 나타날 수 있어요. 스트레스에 취약한 고양이는 건강까지 해칠 수 있다는 것을 꼭 기억해야 합니다. 이번 챕터에서는 고양이의 외로움 신호를 알아채는 법, 분리불안 증상과 원인, 이에 대처하는 방법까지 알아볼게요.

✔ 고양이의 외로움 신호

고양이가 집사의 관심을 끌고 싶을 때 보이는 행동이 있어요. 고양이에 따라 다르지만, 이 행동이 심해질 경우 애정 결핍 또는 불리불안 증상으로도 이어질 수 있기에 만약 고양이가 이런 행동을 한다면 더 많은 관심을 줘야 합니다.

큰 소리로 길게 운다

고양이는 평소 울음소리를 잘 내지 않아요. 고양이들끼리 의사소통할 때는 울음보다는 행동 언어를 많이 사용하기 때문입니다. 만약 고양이가 자주 울거나 큰 소리로 계속 소리를 낸다면, 집사에게 관심이나 불만의 해결을 요구하고 있다는 의미예요. 다만 고양이는 기분 전환이 빠른 동물이기 때문에 집사의 관심을 호소하다가도 금방 다른 일을 하러 가곤 합니다. 하지만 고양이가 너무 오래 울음소리를 낸다면 주의하세요.

계속해서 졸졸 쫓아다닌다

고양이가 화장실이나 베란다 문을 닫았을 때 문 앞에 서서 큰
소리로 울거나 어딜 가든 계속해서 쫓아온다면, 집사의 모습이
보이지 않는 것만으로도 불안을 느낀다는 뜻이에요. 이럴 때는
관심을 기울여 이런 행동을 보이는 원인을 찾아야 합니다.

고양이는 집사 곁을 가장 안전하고 안심이 되는 공간이라고
생각합니다. 상대적으로 외출 시간이 긴 1인 가구 집사라면 귀가
후 고양이가 원하는 만큼 함께하는 시간을 갖는 것이 중요해요.

평소보다 더 자주 장난을 친다

고양이는 집사의 관심을 끌기 위해 일부러 물건을 떨어뜨리거
나 휴지를 뜯고, 방을 어지럽히기도 합니다. 고양이가 울거나 옆
에 와서 몸을 비비는 등 관심을 요구해도 계속 무시할 때 종종 보
이는 행동이에요.

참고로 이때 고양이를 혼내는 것은 효과가 없어요. 이미 고양
이는 문제 행동을 '놀자!'라는 표현으로 학습했을 가능성이 높습
니다. 고양이 훈육의 우선순위는 문제 행동의 예방이에요. 고양
이가 위험한 장난을 칠 수 없는 환경을 만들어주세요.

집사의 행동을 방해한다

고양이가 일하는 집사의 노트북 위에 앉거나 핸드폰을 잡고 있는 손 사이로 얼굴을 밀고 들어오는 등 집사의 행동을 방해하는 것은 가장 쉽게 알아차릴 수 있는 관심의 표현입니다. 다른 곳에 집중하고 있는 집사의 관심을 끌기 위해 다양한 방해 공작을 펼치죠.

이때 귀찮아하거나 짜증을 내기보다는 5분 정도 고양이를 쓰다듬어주거나 놀아주는 것이 좋습니다. 잠깐 쓰다듬어주는 것만으로도 고양이는 만족하고 곧 혼자만의 시간을 보낼 거예요. 집사의 일이 끝난 후에는 기다려준 고양이에게 간식이나 사냥 놀이로 보상해주세요.

√ 고양이의 분리불안 증상은?

사실 고양이 분리불안 증상의 원인은 다양해요. 다만 일상에서 나타나는 고양이의 외로움 신호를 놓치고 그대로 방치한다면 쉽게 분리불안으로 이어질 수 있다는 것에 주의해야 합니다. 다음의 〈도표 2〉는 고양이에게 분리불안 증상이 생길 때 보이는 행동입니다.

· 도표 2 고양이의 분리불안 증상

고양이 행동	행동의 의미
울음소리가 지나치게 잦다.	평상시와 달리 고양이가 큰 울음소리를 내고 자주 운다면 불안감을 느끼고 있을 가능성이 높아요. 특히 집사가 집을 비웠을 때 현관 앞에서 계속 운다면 분리불안 증상일 수 있어요.
여기저기 소변을 눈다.	고양이는 매우 깔끔한 동물이기 때문에 절대로 배변 실수를 하지 않는다고 생각하면 돼요. 그런데 고양이가 화장실이 아닌 곳에서 소변을 눈다면? 반드시 주의를 기울여 잘 지켜봐야 해요. 과도한 스트레스나 질병의 전조 증상일 가능성이 높아요.
과도한 그루밍을 한다.	고양이는 깨어 있는 시간 중 3분의 1을 그루밍에 할애해요. 하지만 유독 한 부분만 그루밍을 하거나 털이 축축해질 때까지 핥는다면 스트레스가 많다는 의미예요.
갑작스럽게 애교가 많아졌다.	갑작스럽게 애교가 많아지는 것도 분리불안 증상 중 하나예요. 이때 고양이가 애교를 부린다고 해서 너무 적극적으로 받아줘선 안 돼요. 오히려 분리불안이 악화될 수 있기 때문입니다.
사료를 거부한다.	고양이가 사료를 거부한다는 것은 극도의 불안함과 스트레스를 겪는다는 표현일 수 있어요. 만약 건강상의 문제가 없는데 사료를 먹지 않는다면 갑자기 귀가 시간이 늦어지진 않았는지 돌아봅시다.
구석에 몸을 숨긴다.	고양이는 컨디션이 안 좋거나 아플 때 구석에 몸을 숨기는 습성이 있어요. 마음이 초조할 때도 그럴 수 있어요. 이때는 질병으로 발전될 가능성도 있기 때문에 고양이의 건강 상태를 잘 체크하세요.

√ 고양이 분리불안 증상 대처법은?

만약 고양이에게 분리불안이 있다고 판단되면 이를 해결하기 위해 많은 노력이 필요해요. 분리불안 대처에는 특히 집사의 역할과 꾸준한 연습이 중요합니다.

우선 고양이의 분리불안 증상이 질병으로 이어지지 않았다면, 행동 교정법으로 완화할 수 있습니다. 행동 교정법은 고양이가 혼자 있는 것을 불안하지 않게 느끼도록 하는 데 초점이 맞춰져 있어요. 증세가 심하지 않다면 대부분 고양이의 스트레스를 줄이고 놀이를 통한 정신적 자극을 증가시키는 것만으로도 해결됩니다.

충분히 놀아주기

가장 먼저 해야 할 일은 고양이와 함께 충분한 시간을 보내는 거예요. 단순히 집에 같이 있는 것이 아니라 하루 두세 번, 5분 이상 고양이와 노는 시간을 가지세요. 이때 다양한 장난감과 간식을 활용해 고양이와 적극적으로 놀아주는 것이 필요합니다.

집사의 외출 연습하기

만약 집사가 옷을 입고 집을 나설 준비를 할 때 고양이가 불안해하는 모습을 보인다면 외출 연습을 하는 것이 좋아요. 외출 연습은 다음의 순서로 진행해주세요.

❶ 하루에 두세 번씩 현관에서 신발을 신고 외출 준비를 합니다.

❷ 그리고 신발을 신은 채 다시 방으로 돌아와 생활합니다. (고양이는 집사의 신발 신은 모습을 외출의 의미로 이해하므로, 외출해도 아무런 일이 일어나지 않는다는 것을 알려주기 위함입니다.)

❸ 고양이가 집사의 신발 신은 모습을 보고도 불안해하지 않는다면 잠시 현관 밖으로 나갑니다.

❹ 5분 정도 지난 후 다시 집 안으로 돌아옵니다. 이때 고양이에게 간단히 인사를 해준 뒤 놀아주세요. (이때 인사는 담백하게 해주는 것이 좋습니다.)

* ❶~❹번 행동을 반복하면서 고양이의 분리불안 증상이 나아지는지 확인합니다.

고양이를 위한 용품 더하기

고양이가 혼자 있을 때 재미있게 보내도록 공간을 꾸며주는 것도 좋은 방법이에요. 집 안에 있는 고양이 물품을 점검해보고, 추가로 꾸며줄 것이 있는지 생각해보세요. 앞에서도 이야기했듯 고양이는 상하 운동을 즐기기 때문에 캣타워를 설치하는 것이 도움이 됩니다. 이때 창가 자리에 설치하면 고양이가 창밖을 보며 시간을 보낼 수 있어 무척 좋아할 거예요. 이외에도 스크래처, 담요, 숨숨집 등 고양이의 취향에 따라 다양한 용품을 더해주세요.

CHECK 외출하기 전 기억하세요

☐ 충분한 음식과 신선한 물을 준비해둔다.

☐ 고양이가 쉬는 장소 주변에 캣닙을 뿌려둔다.

☐ 깨질 만한 물건은 반드시 치운다.

☐ 고양이를 안정시킬 수 있는 잔잔한 음악을 틀어두는 것도 좋다.

☐ 집 밖에 나갈 때 되도록 고양이에게 말을 걸지 않는다.

☐ 작별 인사는 짧게 한다.

✓ 고양이 분리불안, 과연 외로움이 원인일까?

고양이는 집사와 함께 보내는 시간이 많아도 분리불안을 겪을 수 있어요. 분리불안의 원인은 굉장히 다양합니다.

고양이 가족과의 빠른 이별

새끼 고양이는 생후 8~9주까지 엄마나 형제 고양이와 지내는 것이 좋아요. 새끼 고양이가 다양한 자극을 받으며 배우는 집중 사회화 기간이기 때문이에요. 이 시기에 다른 동물들과 관계 맺는 법, 새로운 환경과 상황에 적응하는 법을 배워요. 그런데 너무 빨리 고양이 가족과 헤어져서 배워야 할 것들을 배우지 못하면, 쉽게 긴장하고 불안감을 느끼게 되어 분리불안을 겪을 가능성이 높아요.

선천적인 성격

선천적으로 성격이 예민한 고양이는 분리불안에 취약할 수 있어요. 선천적 요인은 해결하기 어려우므로 집사의 노력이 필요합니다. 몸과 마음을 지키도록 돕는 운동 환경과 다양한 용품을 준비해 고양이의 만족감을 높여주세요.

주변 환경의 변화

고양이는 주변 환경 변화에 무척 예민해 집에 새로운 가구를 들이는 것도 불안과 스트레스의 원인이 됩니다. 이럴 땐 가구에 캣닢을 문질러두면 고양이가 적응하는 데 도움이 됩니다.

질병의 전조 증상

고양이가 컨디션이 나쁘거나 병에 걸렸을 때도 분리불안을 겪을 수 있어요. 원인을 찾기 어렵다면, 고양이가 분리불안 증상과 함께 평소와 다른 행동을 보이진 않는지, 다른 증상은 없는지 꼼꼼히 확인할 필요가 있어요.

비마이펫 Tip

분리불안 증상이 심하면 약물 치료를 할 수 있어요
대부분의 분리불안 증상은 행동 교정을 통해 개선됩니다. 하지만 분리불안이 너무 심하면 수의사의 진단 아래 항우울제 등의 약물을 처방하기도 합니다. 약물 치료 시에는 반드시 복용량을 지켜야 해요. 민감한 고양이의 경우 복용량이 조금만 늘어도 부작용이 나타납니다.

고양이를 함부로 안으면 안 돼요

이렇게 안는 건가?

고양이들은 포옹을 별로 좋아하지 않아요. 물론 고양이마다 차이가 있지만 대부분 집사가 안으려고 할 때마다 도망치거나 몸부림을 치는 경우가 많죠.

하지만 고양이가 싫어해도 반드시 안아야 할 때가 있어요. 이동장 안에 넣거나 발톱을 깎을 때, 약을 먹일 때는 반드시 고양이를 안아야 합니다. 이때 잘못된 방법으로 안거나 억지로 안으면 부상 혹은 트라우마의 원인이 될 수 있어 주의해야 해요. 그런데 고양이들은 왜 이렇게 안기는 걸 싫어하는 걸까요? 혹시 사람의

품이 싫은 걸까요?

√ 고양이는 왜 안기는 걸 싫어할까?

앞에서도 여러 번 말했지만 기본적으로 고양이는 독립적인 성향
이 강해서 누군가와 붙어 있기보다는 어느 정도 거리를 유지하는
것을 좋아해요. 예를 들어 개는 자기를 쓰다듬어달라고 요구하지
만 고양이는 대부분 그런 행동을 하지 않아요. 본인의 의지와 상
관없이 안겨 있는 것을 불편해하고 속박이라고 느낍니다.

　또 사람에게서 나는 화장품, 향수, 담배 냄새 같은 강한 냄새
때문에 스킨십을 거부할 수 있어요. 고양이와 스킨십을 하려면
자극적인 향기는 피하는 것이 좋습니다.

　고양이가 안기는 것에 부정적인 기억이 있다면 아무리 조심스
레 안는다 해도 격하게 반항할 수 있어요. 특히 고양이는 나빴던
경험을 피하려는 습성이 있어서 한번 각인된 트라우마를 해소시
키려면 오랜 시간이 필요합니다. 이럴 때는 여유를 갖고 안는 연
습을 해야 합니다. 부정적인 기억은 보통 고양이를 잘못된 방법
으로 안는 데서 비롯된 경우가 많아요. 고양이를 안는 잘못된 방
법과 올바른 방법을 함께 알아봅시다.

✓ 고양이가 싫어하는 안기 자세

억지로 안기

고양이가 안기는 것을 싫어할 때 억지로 안으려고 해서는 안 돼요. 특히 하악질을 하거나 귀를 뒤로 젖히고 몸을 낮추고 있다면 자기방어를 위해 사람을 공격할 수도 있기 때문에 더욱 위험합니다.

위를 향해 눕혀 안기

마치 고양이가 아기처럼 누워 안겨 있는 모습이지요. 이 방법은 집사에 대한 신뢰도가 높을 때만 시도하는 것이 좋아요. 고양이가 배를 보인다는 것은 약점을 그대로 노출하는 것이기 때문에 안 그래도 안기기 싫어하는 고양이를 이런 자세로 안는다면 더욱 불안해하고 피할 수 있어요.

목덜미를 잡고 들어 올리기

엄마 고양이가 새끼 고양이 목덜미를 물고 옮기는 것을 보고, 고양이의 목덜미를 잡고 안으면 편할 것이라고 생각하는 사람들이 종종 있어요. 하지만 이 동작은 아주 어린 새끼 고양이가 아니라면 불편하고 아플 수 있어요. 특히 성묘의 경우 체중이 늘어난 상태이기 때문에 목덜미를 잡고 올렸을 때 체중 부담이 커져 다칠 수 있으니 절대 해선 안 됩니다.

앞다리를 잡고 들어 올리기

고양이의 앞다리, 앞발을 잡고 안아 올리는 것도 매우 위험합니다. 고양이의 발목 관절이 크게 다칠 수 있기 때문이에요. 고양이가 끌려 올라가지 않으려고 버틸수록 더욱 크게 다칠 수 있으니 조심해야 합니다.

겨드랑이에 양손을 넣어 그대로 안아 올리기

많은 사람들이 가장 많이 실수하는 방법입니다. 이 방법은 앞다리와 어깨 관절에 큰 무리를 줄 수 있고, 잘못 들어 올릴 경우 체중이 어깨 관절에만 쏠려 크게 다칠 수 있으니 주의하세요.

✔ 고양이, 어떻게 안아야 할까?

우선 안기는 데 익숙하지 않은 고양이라면 편안하고 안정적인 분위기를 만드는 것이 먼저예요. 그러므로 고양이가 편하게 쉬고 있거나, 간식을 준 후 기분이 좋은 상태에서 시도하는 것이 좋습니다.

1단계: 고양이 겨드랑이에 손 넣어보기

고양이가 편하게 쉬고 있을 때 옆에서 천천히 겨드랑이에 손을 넣어봅니다. 이때 고양이가 피하거나 싫어하는 모습을 보이면 잠깐 멀어지세요. 그리고 포옹에 익숙해질 때까지 기다립니다.

2단계: 뒷다리와 엉덩이를 받쳐준다

1단계에 익숙해졌다면 겨드랑이에 손을 넣은 채 살짝 들어 올려요. 앞발이 들리면 다른 한 손으로 재빨리 뒷다리와 엉덩이를 받쳐줍니다. 그리고 고양이가 편하게 기댈 수 있도록 자세를 잡아주는데, 모든 동작을 부드럽게 진행하는 것이 중요하답니다.

3단계: 팔이나 어깨에 앞발을 올려준다

고양이가 편안한 자세로 안길 수 있도록 자세를
교정하는 단계예요. 고양이마다 좋아하는 자세가 다
를 수 있으니 기본 자세에서 조금씩 변형해도 좋습
니다. 보통 집사 어깨에 고양이 앞발을 걸치고 엉덩
이와 뒷다리를 받쳐주는 자세가 안정적입니다. 너무
힘을 주면 고양이가 답답해할 수 있으니 주의하세요.

🐱 비마이펫 Tip

고양이를 안을 때는 집사의 인내가 필요해요
고양이를 안을 때는 고양이가 각 단계에 익숙해질 수 있도록 기다려주세요. 만약 고
양이가 다음과 같은 신호를 보낸다면 불편해한다는 의미니 연습을 즉시 멈추세요.

• 꼬리를 바닥에 세게 두드린다.
• "우~" 하는 낮은 소리를 내거나 하악질을 한다.
• 귀를 양옆으로 V 자 모양으로 젖힌다.

고양이를 훈육할 때 절대 때려선 안 돼요

고양이와 함께 생활하다 보면 어쩔 수 없이 고양이를 혼내게 될 때가 있어요. 고양이가 너무 심하게 물거나 장난을 칠 때도 있고, 발톱으로 벽지를 뜯어놓거나 가구에 흠집을 낼 때도 있기 때문이죠.

하지만 아무리 순간적으로 화가 나도 고양이를 때리거나 소리를 치면 안 됩니다. 고양이가 잘못을 반성하기보다 오히려 공격성을 보이거나 트라우마가 생겨 집사의 스킨십을 거부할 수 있기 때문이에요.

고양이를 올바르게 훈육하는 방법은 무엇일까요? 먼저 고양이를 혼낼 때 꼭 기억해야 할 주의 사항을 살펴보겠습니다.

√ 고양이를 훈육하기 전 알아두기

고양이의 문제 행동에는 모두 이유가 있다

고양이의 행동에는 항상 이유가 있어요. 예를 들어 스크래칭은 스트레스를 해소하고 본능을 충족시키는 역할을 합니다. 그래서 스크래처는 고양이에게 필수 용품이며, 만일 스크래처가 없다면 벽지나 가구를 긁는 거죠. 이럴 때 고양이가 벽지를 긁어놨다고 혼낸다면? 고양이는 집사가 화내는 이유를 이해하고 반성하기보다는 혼나는 상황 자체에 스트레스를 받습니다. 고양이는 단순히 자신의 본능에 따라 행동한 것뿐이거든요.

고양이 훈육의 관점은 문제 예방이다

고양이는 야생 생활을 하던 시절부터 단독으로 행동했기 때문에 개처럼 집사에게 인정받는 것을 중요하게 생각하지 않아요. 그래서 개처럼 잘못한 일을 꾸짖고 행동을 고쳤을 때 칭찬하며 훈육하는 방법은 고양이에겐 효과가 없습니다. 고양이를 꾸짖는다면 오히려 그동안 쌓아온 신뢰와 친밀감이 무너질 수 있어요.

따라서 본능에서 비롯된 고양이의 문제 행동은 훈육을 하기보다 문제를 예방하는 데 초점을 맞춰야 합니다. 애초에 고양이를 혼내지 않아도 되는 환경을 만들어주는 것이죠. 다음의 체크리스트를 볼까요?

CHECK 혼내지 않아도 되는 환경 만들기

☐ 선반이나 테이블 위에 깨지기 쉬운 물건을 두지 않는다.

☐ 쓰러질 수 있는 가전제품에 고정 장치를 부착한다.

☐ 전기 콘센트가 안 보이도록 정리함을 사용해 가려둔다.

☐ 음식을 먹은 후에는 고양이가 먹지 못하도록 바로 치운다.

☐ 음식물 쓰레기 등 냄새가 나는 쓰레기는 고양이가 건드릴 수 없게 한다.

☐ 뚜껑이 있는 쓰레기통을 사용하고, 쉽게 열 수 없도록 무거운 것을 올려둔다.

☐ 화분이나 난로 주변에 커버를 씌워 고양이가 만질 수 없도록 한다.

☐ 들어가면 안 되는 방이 있다면 문단속을 잘한다.

하지만 아무리 문제 행동 예방에 신경 쓴다 해도 어쩔 수 없이 고양이를 혼내야 할 때가 있습니다. 이럴 경우 고양이와의 신뢰를 무너뜨리지 않는 방법으로 훈육하는 것이 중요해요. 고양이를 올바르게 혼내는 방법에 대해 알아볼까요?

√ 고양이를 올바르게 훈육하는 방법

훈육용 단어를 정한다

고양이를 훈육할 때 집사가 염두에 둘 부분은 '어떻게 해야 고양이가 잘 이해할까?'입니다. 고양이도 억양이나 뉘앙스로 사람의 말을 이해할 수 있지만 복잡하고 긴 말은 알아들을 수 없어요. 그래서 훈육 단어를 정해 매번 같은 단어를 말하는 것이 좋습니다. 예를 들어 "안 돼!"라고 정했다면 반복적으로 사용해 "안 돼"가 금지 표현이라는 것을 알아차리도록 합니다.

고양이 이름을 부르며 혼내지 않는다

훈육할 때는 특히 고양이 이름을 부르며 혼내지 않도록 주의해야 해요. 이름을 말하며 혼낸다면 자신의 이름에 부정적인 이미지가 형성될 수 있기 때문입니다. 이것이 반복되면 이름을 부르는 것 자체가 훈육이라고 오해할 수 있어요. 만일 고양이가 이름을 불러도 매번 무시한다면, 혼낼 때 이름을 부르지 않았는지 생각해봅시다.

큰 소리로 혼내지 않는다

청각이 매우 예민해 작은 소리에도 깜짝 놀라곤 하는 고양이를 혼낼 때 큰 소리나 고함을 친다면 고양이에게는 훈육이 아니라 두려움과 위협으로 다가오게 됩니다. 이는 집사와의 유대 관계에도 악영향을 줄 수 있으니 특히 주의해야 해요. 훈육의 목적은 고양이를 무섭게 만드는 것이 아니라 문제 행동을 방지하는 데 있음을 기억하세요.

문제 상황에서 일정한 목소리 톤을 유지한다

고양이는 사람의 말을 단어가 아닌 음성으로 인식해요. 부드럽게 말할 때의 톤과 엄격하게 말할 때의 톤 차이를 느끼는 것이죠. 따라서 고양이를 혼낼 때는 강하고 짧게 "안 돼" "그만"이라고 말하면서 단호하고 엄격한 톤을 일정하게 유지하는 것이 중요합니다.

문제 상황에 일관된 반응을 보인다

고양이를 훈육하는 것은 같은 행동을 반복하지 못하게 하기 위해서입니다. 그러려면 고양이가 문제 행동을 했을 때는 일관적인 반응을 보이는 것이 중요해요. 똑같은 상황에서 어떨 때는 혼내고, 어떨 때는 넘어간다면 고양이는 문제 행동이 무엇인지 혼란스러워할 수 있어요. 훈육 방법에도 일관성이 필요하지만 훈육 상황에도 일관성이 중요합니다.

반드시 사건 현장에서 훈육한다

외출 후 집에 돌아왔을 때 집 안이 어질러져 있다면? 정답은 '일단 참는다'입니다. 시간이 지난 후에는 훈육을 해도 의미가 없습니다. 고양이가 자신이 혼나는 이유를 모르기 때문이죠. 정확히 어떤 행동 때문에 혼나는지 고양이가 인지하지 못하면 혼란스러워할 뿐만 아니라 스트레스를 받을 수 있습니다. 훈육은 고양이가 문제 행동을 한 직후에만 해주세요. 타이밍을 놓쳤다면 일단 넘어가는 것이 좋습니다.

체벌은 절대로 하지 않는다

고양이가 아무리 말을 듣지 않는다 하더라도 체벌을 해선 절대 안 됩니다. 고양이의 신체는 사람보다 약하기 때문에 코를 살짝 때리거나 머리를 가볍게 쥐어박는 등의 행동도 고통이 될 수 있어요. 그러면 문제 행동이 교정되기는커녕 집사를 두려워 하거나 트라우마가 생길 수 있습니다. 체벌은 고양이의 몸과 마음에 큰 상처를 입힐 수 있다는 것을 꼭 기억합시다.

 비마이펫 Tip

고양이 훈육 방법, 손뼉 치기

올바른 훈육을 했음에도 고양이가 문제 행동을 계속한다면, 손뼉을 쳐보세요. 손뼉 소리에 고양이가 놀라서 문제 행동을 멈출 수 있어요. 이때 고양이가 너무 놀라지 않 도록 어느 정도 거리를 두고 손뼉을 칩니다. '이 행동을 하면 나쁜 일이 생긴다'라고 인시하게 하는 거이 이상적입니다. 단, 큰 소리를 싫어하는 고양이이 특성을 활용한 방법이므로 훈육이 어려운 상황에서만 사용해주세요.

고양이와 산책 나가면 안 돼요

고양이를 반려동물로 삼는 사람들이 많이 늘어나면서 반려 생활을 보여주는 브이로그나 SNS 채널도 늘어나고 있어요. 이 중에는 고양이를 데리고 산책을 가거나 아예 집 안팎을 드나드는 '산책냥' '외출냥' '마당냥'으로 키우는 사람들도 종종 있죠. 특히 고양이에게 하네스를 채우고 함께 여행을 다니는 해외 SNS가 인기를 끌면서 많은 집사들이 '고양이와 외출하기'를 꿈꾸기도 합니다. 그렇지만 개와 달리 고양이에게 외출은 매우 위험한 행동이에요.

✓ 고양이에게 외출이 위험한 이유

사고와 질병에 노출될 위험이 높다

고양이가 집 밖으로 나가는 순간부터 다양한 사고와 위험에 노출될 확률이 높아져요. 자유롭게 집 안팎을 드나드는 '외출냥' '마당냥'의 경우, 고양이 혼자 노출될 바깥의 상황이나 행동을 집사가 전혀 제어할 수 없기 때문에 매우 위험합니다. 처음 듣는 여러 소리 때문에 불안과 두려움을 느끼기 쉬워요.

교통사고 같은 물리적 위험 외에도 전염병이나 해충에 감염될 위험이 높아 수명이 짧아질 수 있어요. 참고로 집고양이의 평균 수명은 15~20년, 외출하는 고양이는 12년, 길고양이는 약 6년이라고 하니 가능하면 외출을 피하는 것을 추천합니다.

고양이를 싫어하는 사람들

내 눈에는 너무 사랑스럽고 귀여운 고양이지만 세상에는 고양이를 좋아하는 사람만 있는 것이 아니에요. 고양이를 무서워하는 사람, 싫어하는 사람, 심지어 길고양이를 노리고 혐오 테러를 하는 사람도 있어요. 사람에게 길든 고양이는 위험한 사람도 경계하지 않기 때문에 더욱 조심하는 것이 좋습니다. 집사 없이 혼자 외출하는 마당냥이나 외출냥의 경우 위험할 수 있다는 걸 반드시 염두에 두세요.

고양이의 본능에 따른 스트레스

주변 공간을 자신의 영역으로 여기는 고양이를 데리고 산책을 나가면 고양이의 영역이 집 밖으로 확장되는 셈이죠. 영역이 확장된 만큼 침입자에 대한 경계심이나 스트레스도 커지기 때문에 자칫 집 안에서도 안정감을 느끼지 못하고 불안해할 수 있어요.

하네스로 완벽히 통제할 수 없다

하네스 훈련만 제대로 한다면 고양이도 산책 가능하다고 말하는 사람들이 있어요. 하지만 '고양이 액체설'이라는 말도 있을 만큼 고양이 몸은 매우 유연하기에 단단히 채운 하네스에서도 빠져나가기 쉬워요. 고양이 전용 하네스와 리드줄도 있지만 이 역시 완벽하게 안전하다고 말하기는 어렵습니다.

또 하네스 훈련이 잘된 고양이라 하더라도 갑자기 나타난 새, 다른 동물, 그리고 경적 소리 같은 것에 놀라 하네스를 벗어버리고 도망갈 수 있습니다. 고양이는 놀라거나 겁을 먹으면 대치하기보다는 도망가는 습성이 있기 때문이에요. 놀란 고양이는 집사의 부름에도 바깥으로 나오지 않고 숨어버리고 말 거예요. 그 때문에 찾지 못할 확률이 매우 높습니다.

✔ 산책 중 도망친 고양이, 집에 찾아올 수 있을까?

만약 고양이가 산책 중 도망쳤다면 집으로 돌아올 수 있을까요? 이 질문에 대한 흥미로운 실험이 있어요. 1922년 헤릭 프랜시스 교수가 〈사이언스〉지에 기고한 '고양이의 귀소 능력'이라는 실험이에요. 연구 팀이 자동차로 어미 고양이와 새끼를 집에서 멀리 떨어진 곳으로 이동시키자 고양이들은 여덟 번 중 일곱 번에 걸쳐 다시 집으로 찾아왔다고 해요. 고양이가 집으로 돌아올 수 있었던 거리는 약 1.6~4.8km였고, 돌아오지 못한 마지막 여덟 번째 실험은 집에서 26.5km 떨어진 곳이었다고 합니다.

이후 1954년 독일에서도 비슷한 실험을 진행했어요. 미로를 설치해 수많은 출구를 만든 후 고양이들을 풀어놓았습니다. 이때 고양이들이 자신들의 집과 가장 가까운 출구로 나왔고, 대체로 나이가 많은 고양이가 미로에서 빨리 빠져나왔다고 해요.

1.6~4.8km 밖에서도 집을 찾아온다고 하니, 산책 중 길을 잃은 고양이도 무리 없이 집에 찾아올 수 있을 것 같지요? 하지만

사실 희망적이지 않답니다. 아래와 같은 이유 때문이죠.

고양이의 달리기 속도

집고양이를 기준으로 마음먹고 뛴다면 최고 시속 48km의 속도로 달릴 수 있다고 해요. 5분만 달려도 집에서 4km나 멀어지는 것이죠. 산책 중이었다면 그 반경은 더 넓어집니다.

고양이의 회피 본성

고양이는 극도로 겁을 먹으면 더 깊숙한 곳으로 숨으려는 특성이 있어요. 산책을 하다 도망간 집고양이의 경우 단순히 바깥 생활을 하다가 영역을 이탈한 길고양이보다 훨씬 더 많은 두려움을 느끼고 숨어버릴 가능성이 높아요. 이렇게 겁을 먹고 숨어 있는 고양이는 집사를 봐도 쉽게 모습을 드러내지 않는답니다.

고양이 사망 원인 1위, 로드킬 사고

마지막으로 흔히 일어나는 고양이 로드킬 사고의 위험 때문입니다. 2019년 국토교통부 조사에 의하면, 길고양이를 포함해 서울에서만 연간 약 5,000마리의 고양이가 교통사고로 죽음을 맞는다고 해요.

✔ 고양이 외출, 고양이 입장에서 생각하기

고양이에게 외출은, 가벼운 산책일지라도 굉장히 위험한 일입니다. 고양이가 집 안에만 있으면 답답해할까 걱정하는 집사분들이 있을 거예요. 사실 고양이에게는 산책이 필요 없고, 고양이가 정말로 원하는 건 따로 있답니다. 앞서 이야기했듯 상하 운동이에요. 고양이는 넓은 공간에서 움직이는 것보다 위아래로 움직이는 행동을 좋아합니다. 어느 날 고양이가 무기력해 보인다면 캣타워나 캣폴, 캣스텝 등을 설치해주세요.

집사에게 고양이와 함께하는 시간은 무엇과도 바꿀 수 없는 소중한 시간입니다. 고양이에게 아름다운 세상을 보여주고 싶은 집사의 마음은 당연한 것이라고 생각해요. 그러나 고양이가 진짜 원하는 것이 무엇인지 잘 생각해봐야 해요.

기본적으로 고양이는 자신의 영역을 지키고 위험을 피하려는 본능이 강해요. 낯선 환경에서는 극도로 예민해지며, 스트레스를 받아 질병에 걸릴 수도 있죠. 좋아하던 장난감을 버렸을 때, 이사했을 때 등 크고 작은 환경 변화에 식욕부진, 우울증 증상을 보이기도 할 정도이기 때문에 낯선 환경을 마주한 일이 적은

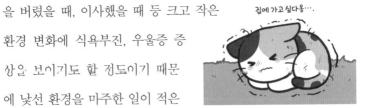

집에 가고 싶다옹….

집고양이의 경우, 산책 시 큰 스트레스를 받을 수 있어요. 고양이가 예상치 못한 상황으로 스트레스와 불안을 느끼는 것을 감수할 만큼 산책을 원할까요? 혹시 집사의 욕심은 아닐까요?

 비마이펫 Tip

고양이가 창문 밖을 보는 이유
SNS에서 흔히 보게 되는 고양이 사진은 아마도 창밖을 바라보는 고양이의 뒷모습일 거예요. 그만큼 고양이가 가장 많이 하는 행동이죠. 집사들은 고양이의 이런 행동을 보고 '집이 답답한가?' '산책하고 싶은가?'라고 생각할 수 있어요. 그러나 이 행동은 사람이 TV를 보는 것과 같다고 생각하면 돼요. 창밖에서 움직이는 것들을 눈으로 좇아가며 보는 재미를 느끼는 것이지 산책이 필요하다는 의미가 아니랍니다.

고양이 식기는 아무거나 사용하면 안 돼요

와앙~

고양이 식기는 고양이의 만족스런 식사를 책임지는 중요 용품입니다. 소재와 디자인이 매우 다양해 어느 것을 사야 할까 고민이 되곤 하지요. 그런데 이때 기억해야 할 것이 있어요. 고양이의 습성을 고려한 식기를 선택해야 한다는 점입니다. 잘 맞지 않는 식기를 사용하면 고양이가 사료를 거부할 수도 있어요. 또 고양이 건강을 좌우하는 음수량에도 영향을 미쳐 고양이가 물을 적게 먹는 원인이 될 수 있어요.

✓ 고양이 밥그릇을 고를 때 기억하자

식기의 소재

고양이 식기는 플라스틱, 세라믹, 유리, 스테
인리스 스틸 소재가 있어요. 그중 플라스틱
식기는 저렴하고 종류도 다양하지만 내구성
이 약해 금이 가기 쉽고, 갈라진 금 사이사이에 박테리아가 생기
기 쉽습니다. 또 플라스틱 속 화학물질이 알레르기를 유발할 수
도 있어요.

스테인리스 스틸 식기는 튼튼하고 세척하기 편리하지만 특유
의 금속 냄새 때문에 싫어하는 고양이가 많습니다. 세라믹과 유
리 식기는 무게감이 있어 안정적이고 열소독이 가능해 세척하기
쉽지만, 깨질 수 있으므로 집 안 상황과 고양이의 취향에 맞게 선
택해야 해요.

식기 크기와 높이

고양이 식기의 지름은 12~15cm, 깊이는 3~5cm 정도가 적당
해요. 너무 작으면 수염이 그릇에 자꾸 닿아 고양이가 스트레스
를 받을 수 있어요. 식기의 높이도 중요해요. 일반적으로 고양이

의 무릎 높이인 7~10cm 정도를 추천합니다. 하지만 고양이의 키와 다리 길이, 밥 먹는 스타일에 따라 2~3cm 정도 차이가 날 수 있어요. 잘 모르겠다면, 높이 조절용 밥그릇을 구매하는 것을 추천해요.

식기의 형태

고양이 식기의 형태는 다양합니다. 식기 개수에 따라 1구, 2구, 3구, 급체 방지 밥그릇, 자동 급식기 등이 있어요. 보통 고양이 한 마리를 반려하는 '외동묘'라면 대부분 1구 식기를 사용하지만, 집사가 집을 비우는 시간이 긴 편이라면 2구 식기를 사용해 밥을 넉넉하게 챙겨주는 것도 좋아요.

단, 2~3구짜리 식기를 사용한다고 해도 밥그릇과 물그릇은 분리해야 합니다. 물과 식사가 함께 놓여 있을 경우 고양이는 물이 신선하지 않다고 생각할 수 있어요. 사료 때문에 물이 금방 오염될 수도 있습니다. 고양이가 사료를 너무 빨리 먹어 자주 토한다면 급체 방지 식기를 사용하세요. 외출 시간이 길고 고양이의 사료량을 조절해야 한다면 자동 급식기를 추천합니다.

✓ 고양이 건강 비결, 물그릇에 있다

유리 소재가 좋아요

고양이 건강을 유지하는 가장 손쉬운 방법은 바로 '물 잘 마시기'입니다. 고양이는 물을 잘 마시지 않는 습성이 있어 평소 물을 편안하게 충분히 마실 수 있는 환경을 만들어주는 것이 중요해요. 이때 추천하는 것이 유리그릇입니다. 투명한 유리그릇은 물의 형태를 그대로 보여주기 때문에 고양이의 관심을 끌기 좋아요. 요즘에는 더 나아가 물그릇 밑으로 물그림자가 비치는 형태의 제품도 나온답니다. 또는 일반 유리그릇과 받침대를 별도로 구매해 직접 그릇을 만들어보는 것도 좋습니다.

물그릇 입구는 넓은 것으로

고양이 물그릇은 입구가 넓은 것이 좋습니다. 너무 좁으면 고양이가 물을 마실 때마다 수염이 그릇에 닿거나, 물에 젖어 싫어할 수 있어요. 더 자세히 설명하자면 이를 '고양이 수염 스트레스'라고 부릅니다. 고양이에게 수염은 주변 움직임과 기압의 변화 등 다양한 정보를 수집하는 예민한 감각부위라서 자극이 지속되면 이상 행동을 보이기도 해요. 고양이가 물을 앞발로 찍어 먹거나 식기 앞에서 안절부절못하는 행동, 배고파하면서도 밥을 먹지 못하는 행동 등입니다. 만일 건강 문제가 없는데도 이런 행동을 계속한다면 식기를 바꿔주세요.

물그릇은 밥그릇보다 높이가 낮아도 괜찮지만, 너무 낮으면 물을 마시기 불편해 사레가 걸릴 수 있어요. 높이가 다양한 물그릇을 두고 고양이의 취향을 파악해보세요.

여러 개의 물그릇을 준비하세요

고양이는 신선한 물을 좋아하기 때문에 오래 방치한 물은 잘 마시려고 하지 않아요. 또 고양이가 물을 마시다 보면 사료 부스러기나 털이 물그릇에 빠져 오염될 수 있으므로 물그릇을 여기저기에 두고 물을 자주 갈아주면 좋습니다. 단, 물그릇은 밥그릇, 화장실과 떨어진 곳에 두어야 합니다.

물그릇 대신 정수기를 사용할 수 있어요

흐르는 물을 좋아하는 고양이를 위해 다양한 정수기 제품이 나와 있습니다. 물을 순환시키면서 이물질도 어느 정도 필터주기 때문에 늘 깨끗한 물을 급여할 수 있다는 장점이 있

어요. 하지만 정수기는 매일 세척하지 않으면 세균이 생기기 쉽고, 정수기에서 나는 소음에 스트레스를 받는 고양이도 있기 때문에 상황에 맞게 활용하는 것이 좋습니다. 정수기를 설치하더라도 전원이 꺼지는 돌발 상황에 대비해 물그릇도 함께 두는 것이 좋습니다.

고양이 1일 음수량 체크하는 법

건사료만 먹는 고양이를 기준으로 한 1일 적정 음수량은 1kg당 40~50ml입니다. 고양이 평균 몸무게가 4~5kg인 것을 염두에 두면 하루에 250ml 이상의 물을 마시는 것을 권장해요. 음수량 체크법은 간단합니다. 물그릇에 들어가는 물의 양을 계산해두는 거죠. 물을 담을 때 종이컵(180ml)을 사용해보세요. 물그릇에 몇 컵이 들어가는지 가늠하면 물의 양을 금세 확인할 수 있습니다.

독립적인 성격으로 훈련하기 어렵고, 사람을 쉽게 따르지 않는 탓에 예전에는 고양이가 기억력이 좋지 않은 동물이라고 여겨졌죠. 하지만 고양이의 기억력은 상당히 좋으며, 당연히 자신의 집사를 알아봅니다. 그래서 좋아하는 집사에게만 꾹꾹이나 그루밍 등의 행동을 하기도 하죠. 고양이는 어떻게 집사를 알아보는 걸까요?

✦ 고양이가 집사를 알아보는 방법

목소리와 발소리

고양이는 한 음을 열 개로 쪼개서 구분할 수 있을 정도로 소리의 미세한 차이를 감지할 수 있고, 100m 밖에서 나는 소리도 들을 수 있죠. 그래서 집사의 목소리를 통해 집사를 알아봐요. 또 발소리를 듣고 집사를 구분하기도 해요. 집사가 돌아왔을 때 고양이가 문 앞에서 기다리고 있던 경험, 다들 한 번쯤은 있죠?

냄새

고양이는 사람보다 10만 배 이상 후각이 예민해요. 그런 만큼 후각을 사용해 환경을 예 감하고 수많은 냄새 속에서 집사의 냄새를 구분해요.

얼굴

고양이는 목소리와 냄새로 다른 사람과 집사를 구분한 후 마지막으로 얼굴을 확인해요. 고양이는 사람보다 야간 시력과 동체 시력은 좋지만, 6m 이내의 물체만 알아볼 수 있을 정도로 심각한 근시라 정확한 생김새를 구분하지 못해요. 대신 전체적인 분위기 와 형태로 집사를 알아본답니다.

✦ 못 알아볼 때도 있어요!

그런데 종종 고양이가 집사를 알아보지 못하는 경우도 있습니다. 어떤 상황에서 집사 를 못 알아보는지 알아볼까요?

목소리 톤의 변화

고양이는 집사 목소리의 음정, 톤 등을 기억하고 있기 때문에 갑자기 목소리가 쉬거나

평소와 다른 높낮이로 말하는 등 목소리가 변하면 못 알아
볼 수 있습니다.

이상하고 낯선 냄새

갑자기 집에서 낯선 냄새가 나는 경우, 고양이가 경계하는 모
습을 보일 수 있어요. 특히 다른 고양이를 만지고 돌아오면 경계할 수 있습니다.

달라진 외모

머리 스타일을 갑자기 바꾸거나 가면을 쓰는 등 외모가 바뀐 경우 고양이가 집사를 못
알아보기도 해요. 그래서 군대 때문에 머리 스타일이 바뀌었을 때 고양이가 집사를 알
아보지 못했다는 이야기도 종종 들리곤 하죠.

시끄러운 발소리

집에 서둘러 뛰어 들어가거나, 시끄럽게 쾅쾅 걷는 등 평소와 다른 발소리를 낼 경우
고양이가 집사를 알아보지 못할 수 있어요. 만약 이런 발소리를 내며 집에 들어간다면,
고양이가 긴장하는 모습을 보일 수도 있습니다.

✦ 고양이가 집사를 잊어버릴 수도 있나요?

고양이가 집사와 2~3년 정도 떨어져 지내면 집사를 잊어버린다는 이야기가 있지만 이
에 대해 정확한 연구가 있는 것은 아닙니다. 실제로 10년 정도 떨어져 있었는데도 집
사를 기억하는 고양이도 있었다고 해요. 고양이가 집사의 입대, 유학 등 다양한 이유로
오래 떨어져 지냈다면, 집사를 잊어버린다기보다는 낯설어할 거예요. 이때 서운하다
고 해서 급하게 다가가는 것보다는 여유를 가지고 천천히 다가가야 합니다. 고양이가
좋아하는 장난감과 간식을 이용해 다시 친해지는 시간을 만들어보세요.

PART 3

삑! 고양이를 우울하게
만드는 생활이에요

고양이 합사는 신중히 해야 해요

고양이 합사는 많은 집사들이 고민하는 문제죠. 사람처럼 고양이의 성격도 각양각색이기에 합사에 금방 적응하는 아이들도 있지만, 대부분의 고양이는 합사에 굉장히 큰 스트레스를 받습니다. 야생 시절부터 이어진 단독 생활이 몸에 배어 있어 경계심이 강하기 때문이에요. 실제로 고양이는 새끼가 태어난 지 약 2개월이 지나면 3~6개월 정도에 걸쳐 독립을 시킵니다. 그래서 합사에 성공했다 하더라도 고양이마다 독립된 공간을 만들어줘야 합니다.

√ 고양이 합사, 왜 힘들까?

고양이에게 새로 마주하는 동물은 자신의 영역을 침범한 침입자이며, 나만의 집사를 빼앗아 간 약탈자 같은 존재일 수 있다는 것을 기억하세요. 또 집사가 새로운 반려동물에게만 관심을 기울인다고 느끼면 질투할 수도 있습니다. 이 때문에 새로운 반려동물에 대한 경계심이나 적대심은 더욱 높아지고, 관계가 점점 더 악화될 수 있어요. 그렇다면 고양이 합사 스트레스를 최소화하기 위해 어떻게 해야 할까요?

√ 고양이 스트레스를 줄이는 합사 방법

1단계: 모습을 가린 후 냄새만 공유한다

새로운 반려동물을 데리고 올 때는 반드시 기존 고양이와 공간을 분리해야 합니다. 이때 서로의 모습이 보이지 않도록 해주세요. 이와 함께 집사는 고양이의 경계심을 낮출 수 있도록 평소와 같이 행동해야 해요. 그런 다음 서로의 냄새가 묻은 담요나 장난감을 번갈아 사용하게 해서 먼저 냄새에 익숙해지도록 합니다.

2단계: 안전문 사이로 인사하기

고양이가 냄새에 적응했다면, 안전문(방묘문)을 사이에 두고 문을 살짝 열어 서로의 모습을 보여주세요. 인사시키는 시간은 짧게 끝내며 점차 늘려가는 것이 좋습니다. 이때 집사는 기존 고양이가 있는 방 쪽에 서서 고양이의 반응에 집중해야 합니다. 만약 하악질을 하거나, 공격적인 낌새를 보이면 다시 1단계로 돌아가 두 고양이를 격리시킵니다.

3단계: 안전문 사이에 두고 밥 먹기

안전문을 통해 보이는 서로의 모습이 익숙해졌다면, 안전문 근처에 간식이나 사료를 두세요. 합사에는 무엇보다 서로에 대한 긍정적인 기억이 중요해요. 서로의 모습을 보면서 맛있는 간식을 먹는다면 경계심을 어느 정도 낮출 수 있어요. 이때 간식이나 식사는 기존 고양이에게 먼저 주는 것이 포인트랍니다.

4단계: 안전문 열기

3단계까지 무사히 진행되었다면 안전문을 열어줘도 괜찮아요. 이때도 단번에 문을 열기보다는 천천히 고양이들의 동태를 살피면서 조금씩 열어줍니다. 호기심이 생긴 고양이들이 서로 다가

왔다면 자연스럽게 만날 수 있도록 조금 떨어져서 지켜봐주세요. 이때 고양이가 하악질을 하거나 귀를 뒤로 젖히고 몸을 세우는 등 공격적인 행동을 하지 않는지 잘 살펴봅시다.

5단계: 온몸으로 적응하기

서로 얼굴을 마주하는 데 성공했어도 아직 끝난 게 아닙니다. 함께 생활하며 적응하는 단계가 남아 있어요. 이때 가장 중요한 것은 각자의 영역을 지켜주는 것입니다. 화장실과 식기, 물그릇 등은 각자 사용할 수 있도록 해주세요. 특히 화장실은 고양이 수보다 1개 더 만들어주세요(고양이가 2마리라면 고양이 화장실은 3개). 숨숨집이나 캣타워, 하우스 등으로 각자 몸을 숨길 수 있는 공간을 만들어주는 것도 좋아요.

시간이 지나 서로 완벽하게 적응했다면 한 침대 위에 엉덩이를 붙이고 자는 아이들의 모습을 볼 수 있을 거예요.

✓ 고양이 합사 시 주의할 점

고양이를 합사할 때 가장 중요한 것은 단계별 준비를 철저히 하는 것, 그리고 여유를 갖는 거예요. 초반에는 반드시 고양이끼리 떨어뜨려놓아야 하기 때문에 격리 공간을 마련하는 것이 필수입니다. 합사할 때 어떤 돌발 상황이 일어날지 예측할 수 없기 때문에 가능하면 집에서 아이들과 함께 있는 시간을 늘려 고양이끼리만 있는 시간을 최대한 줄이는 것이 좋습니다.

고양이 합사는 집사의 인내심이 절반 이상을 차지해요. 따라서 고양이들의 컨디션과 상태를 주의 깊게 살피며 천천히 합사를 진행합시다.

기존 고양이를 우선 고려해야 해요!

합사 성공은 '기존 고양이가 합사를 얼마나 잘 받아들이냐'에 달려 있어요. 따라서 둘째 고양이를 입양하기 전에 기존 고양이의 성격을 고려해야 해요. 평소 성격이 예민해서 환경이 조금만 바뀌어도 스트레스를 받거나 외부 자극에 심각하게 흥분한다면 더욱 신중해야 하죠. 합사 시 '동생인데 네가 잘 받아줘야지!' 하는 마음을 갖는 것은 절대 금물이에요. 우리 사람들도 부모님이 이런 마음을 첫째에게만 강요하면 상처받잖아요. 자칫 기존 고양이의 질투가 더 심해질 수 있고 그에 따라 합사를 거부하는 기간이 더 늘어날 수도 있어요. 덧붙여 합사 시 고양이 간에 씨움이 일어날 수 있어요. 하지만 나칠 정도로 심하게 공격하는 것이 아니라면 적극적으로 개입하지 않는 것이 좋습니다.

고양이도 권태감을 느낄 수 있어요

삼색아, 재밌어?

지겹…

고양이는 호기심이 많고 장난치기를 좋아해요. 또 지능이 높은 편에 속하기 때문에 일정 수준 이상의 자극이 필요하죠. 환경 변화를 싫어한다고 하지만, 주변 환경이 지나치게 단조로운 것도 고양이에게 권태감을 불러올 수 있어요.

권태감을 느끼면 고양이가 좋아하던 장난감이나 사냥 놀이에도 시큰둥하고, 소변 실수나 공격성 등의 문제 행동을 하거나 과식을 할 수도 있어요. 사료가 권태의 원인이라면 음식에도 싫증을 느껴 밥을 남기는 횟수가 늘어날 수 있죠. 권태기가 오래가면 우울증으로 악화될 수 있으니 주의해야 합니다.

✓ 고양이에게도 권태기가 온다

새끼 때는 쉬지 않고 뛰어다니고, 작은 움직임에도 흥분하던 고양이도 한 살이 지나면 움직임이 적어지고 침착한 모습을 보입니다. 이것은 성묘가 되는 과정에서 나타나는 자연스러운 현상이기 때문에 크게 걱정할 필요 없어요.

하지만 활동량이 줄어들었을 뿐만 아니라 평소보다 활력이 없고 집사가 불러도 전혀 반응하지 않는다면, 고양이에게 문제가 있을 수 있어요. 건강에 문제가 없다면 권태기가 왔다는 신호일 수 있습니다. 그런데 고양이에게 권태기가 오는 이유는 뭘까요? 원인별 대처법에 대해 알아봅시다.

✓ 고양이 권태기 원인과 대처법

고양이가 장난감에 싫증이 났을 때

기뻐할 고양이를 생각하며 지갑이 가벼워져도 구매한 장난감!

하지만 고양이가 전혀 반응을 보이지 않거나 며칠 지나지 않아 금방 흥미를 잃을 때가 있어요.

고양이가 좋아하던 장난감에 관심이 없어지거나 새로운 장난 감에 금세 싫증을 내는 이유는 기존 놀이 패턴과 비슷하기 때문일 거예요. 특히 자동 장난감의 경우 고양이의 반응에 따라 움직이는 것이 아니기 때문에 쉽게 질릴 수 있어요. 이런 경우 새로운 움직임을 보이는 장난감 혹은 소리가 나는 장난감을 구입하거나 집사가 의식적으로 장난감의 움직임을 바꿔가며 놀아주는 것이 필요해요.

또 장난감이 고양이 취향이 아닐 수도 있어요. 고양이 취향은 다양한 장난감을 사용해보면서 직접 테스트해봐야 알 수 있답니다. 참고로 고양이가 레이저 장난감을 좋아한다고 해서 함부로 사용하면 안 돼요. 고양이 눈에 좋지 않은 건 물론, 좌절감을 줄 수 있기 때문이에요. 레이저는 직접 잡을 수 없기 때문에 고양이가 사냥에 실패했다고 느낄 수 있습니다. 꼭 필요한 경우, 안전에 주의하며 레이저로 놀이를 한 후 간식으로 보상해주세요.

고양이의 흥미를 자극하는 놀이 방법

평소 장난감으로 놀아줄 때 바닥에서만 움직였다면 벽이나 가구 위 등 주변 요소를 이용해보세요. 특히 이불이나 종이, 바스락 소리가 나는 비닐을 활용하면 고양이의 사냥 본능을 쉽게 자극할 수 있어요. 장난감을 이불 밑이나 상자 안에 숨겨 소리를 내면 더욱 효과적입니다.

소리를 낼 때도 일정하게 반복하기보다는 강약을 조절하는 것이 포인트예요. "탁! 탁!" 하고 천천히 두드리다가 "타다닥타다닥!" 하는 빠른 리듬을 줘봅시다. 소리와 움직임의 강약은 고양이의 움직임에 맞춰 바꾸세요. 고양이의 동공이 동그랗게 커지면 관심을 가진다는 뜻이고, 엉덩이를 좌우로 흔드는 것은 곧 돌진한다는 신호이니 잘 캐치하세요.

일상용품으로도 쉽게 놀아줄 수 있어요. 병뚜껑이나 비닐봉지, 신문지 같은 것을 활용해보세요. 고양이에게 병뚜껑을 굴려주면 직접 발로 차면서 놀 수 있어 즐거워합니다. 신문지나 비닐봉지로 바스락거리는 소리를 내면 고양이의 호기심을 끌 수도 있고, 고양이가 비닐봉지 안에 몸을 숨길 수도 있어요. 이때 비닐봉지의 손잡이는 고양이의 목이 졸리는 사고가 생길 수 있으니 반드시 잘라주세요.

고양이가 식사에 싫증이 났을 때

고양이는 다른 감각에 비해 미각은 둔한 편이에요. 대신 후각이 발달했기 때문에 냄새로 상한 음식을 구별한답니다. 따라서 고양이가 평소 먹는 음식에 시큰둥하다면 후각을 자극하는 것이 중요해요. 건강에 문제가 없다면 대부분의 원인은 다음과 같아요.

- 사료가 산화되어 향미가 떨어졌다.
- 계속 같은 냄새에 익숙해져 싫증이 났다.
- 사료가 눅눅해지거나 맛에 싫증이 났다.

고양이가 먹는 것에 시큰둥하다면 먼저 사료 보관법을 점검해 보세요. 사료는 공기와 접촉하면 산화되어 향미가 떨어져요. 그러므로 공기와의 접촉을 최대한 줄이고 직사광선이 들어오지 않는 선선하고 건조한 곳에 보관해야 합니다.

처방식이나 체중 조절, 식이 습관, 알레르기 때문에 사료를 바꾸기 어렵다면 다양한 토핑을 이용하는 것도 좋아요. 트릿이나 향이 강한 가다랑어포 같은 간식을 사료 위에 뿌리면 입맛을 돋울 수 있어요. 하지만 질병 때문에 식이를 조절하고 있다면 반드시 수의사와 상담한 후 급여해야 합니다.

고양이가 생활에 싫증이 났을 때

사냥 놀이를 하고, 장난감을 바꾸고, 사료를 바꾸거나 토핑을 해줬는데도 고양이의 움직임이 눈에 띄게 줄어들었다면 주변 생활에 권태를 느낀다는 의미일 수 있습니다. 생활에 권태를 느끼는 이유는 대부분 다음과 같아요.

- 집 안에 고양이가 뛰어놀 수 있는 수직 공간이 없다.
- 캣타워 위치가 올바르지 않을 수 있다.

고양이는 높은 곳에서 주변을 관찰하는 것을 좋아합니다. 만약 집 안에 수직 공간이 없다면, 고양이가 권태를 느끼게 됩니다. 캣타워, 캣폴, 캣스텝, 해먹 같은 고양이용 가구를 활용하세요. 또 처음으로 가구를 설치한다면 고양이가 적응할 시간이 필요합니다. 억지로 고양이를 캣타워에 올려놓지 말고 주변에 캣닙 가루를 뿌려두거나 그 주변에서 간식을 주는 등 자연스레 가구의 존재에 적응하게 해주세요.

이미 캣타워를 설치했는데 고양이가 잘 이용하지 않는다면 위치를 바꿔보세요. 앞서 언급했듯 햇빛이 잘 들어오는 창가 자리가 가장 좋은 장소입니다. 고양이는 일광욕을 즐기거나, 창문 밖 풍경을 구경하는 걸 좋아하거든요.

✓ 권태기가 아니라 질병일 수도 있다

그런데 고양이가 무기력해진 원인이 질병일 수도 있어요. 권태기와 질병, 어떻게 구분해야 할까요?

고양이는 아파도 잘 내색하지 않기 때문에 단순히 행동만 주시하면 질병이나 부상 여부를 판단하기 어려워요. 따라서 식사량과 배변 상태, 구토 여부, 만졌을 때 통증을 느끼지 않는지 등을 자세히 관찰해야 합니다. 만일 고양이가 가장 좋아하는 간식을 줬을 때도 반응하지 않는다면 바로 병원에 가는 것이 좋습니다. 평소 고양이의 생활 습관을 잘 파악하고 조금이라도 변화가 있다면 바로 알아차리는 것이 중요합니다.

비마이펫 Tip

고양이 권태를 대하는 집사의 자세

권태기가 지속된다면, 고양이가 받는 스트레스가 커져 컨디션 악화로 이어질 수 있어요. 심하면 우울증에 걸릴 수도 있습니다. 이때 변화를 준다고 주변 환경을 너무 급격히 바꾸면 오히려 더 스트레스를 받을 수 있어요. 기존 환경을 유지하면서 일상에 자극을 줄 수 있는 정도가 좋습니다.

고양이 비만을 방치해서는 안 돼요

'뚱냥이'라는 애칭이 있을 만큼, 고양이는 뚱뚱해도 치명적인 귀여움과 사랑스러움을 뽐내죠. 그렇다 보니 사람들은 고양이의 비만을 심각하게 생각하지 않고 방치하기 쉽습니다. 하지만 고양이 비만은 당뇨병, 심장 질환, 지방간(간지질증), 관절염, 하부 요로계 질환 등 각종 질병의 원인이 될 수 있어요.

미국반려동물비만방지협회(Association for Pet Obesity Prevention)에 의하면, 미국 고양이의 약 60%가 과체중이라고 할 만큼 고양이 비만율은 상당히 높은 편입니다. 비만 고양이의 수명 역시

5~10년으로 체중이 적정한 고양이의 수명인 15~20년보다 현저히 짧아지기 때문에 주의가 필요합니다.

√ 우리 집 고양이, 비만일까?

고양이의 비만도는 단순히 몸무게만 가지고 측정하기 어려워요. 체격과 골격, 묘종에 따른 특징, 연령, 건강 상태 같은 다양한 조건에 따라 변수가 많기 때문입니다. 고양이의 적정 몸무게를 측정하는 방법으로는 일반적으로 보디 컨디션 스코어(Body Condition Score, 이하 BCS)를 활용합니다. 세계소동물수의사회(World Small Animal Veterinary Association)에서 제시하는 BCS 점수는 육안과 촉각으로 고양이의 비만도를 체크하는 방법입니다.

√ 고양이의 이상적인 몸매를 찾아서

BCS 점수를 기준으로 가장 이상적인 고양이의 몸매는 5점입니다. 우리가 일반적으로 생각하는 적정 몸매보다는 다소 마른 듯한 느낌이죠. 특히 집에서 키우는 고양이는 운동량이 부족하기 때문에 대부분 5점 이상인 경우가 많아요. 하지만 고양이의 BCS

· **도표 3** 고양이 BCS 측정표

점수	고양이 체형	고양이 상태
1점		- 육안으로 갈비뼈, 등뼈, 엉덩이뼈가 두드러질 정도로 매우 잘 보이며, 지방이 거의 없어요. - 배에 살이 전혀 없으며 매우 홀쭉해요.
3점		- 최소한의 지방이 있으며 갈비뼈, 등뼈가 잘 보이고 뼈가 쉽게 만져집니다. - 허리 라인이 눈에 띄고 매우 적은 양의 복부 지방이 있어요.
5점		- 눈으로는 뼈가 잘 보이지 않지만 등뼈와 갈비뼈가 만져집니다. - 적당량의 지방이 있는 배, 날씬하다고 생각되는 허리 라인이 특징이에요.
7점		- 몸이 두꺼운 지방으로 덮여 있어 뼈가 거의 보이지 않고 갈비뼈가 잘 만져지지 않아요. - 움직일 때마다 지방이 출렁거리고 아래로 처져요.
9점		- 두꺼운 지방층에 덮여 있어 등뼈와 갈비뼈가 만져지지 않고 육안으로 확인할 수 없어요. - 지방으로 허리 라인이 볼록 튀어나와 있어요.

점수가 9점대라면 다소 심각한 비만일 수 있으니 수의사와 상담해 다이어트 계획을 세워야 합니다. 그러나 그보다는 비만을 예방하는 것이 중요합니다. 고양이 비만의 원인을 알아보고 주의하도록 합시다.

√ 고양이 비만의 원인

운동 부족

집고양이가 비만이 되는 가장 큰 이유는 바로 운동 부족이에요. 야생 고양이와 달리 활동량이 적어 권장 운동량을 만족시키기 어렵기 때문이에요. 만약 집사가 신경 써서 사냥 놀이를 해주지 않는다면 운동량이 더욱 적어지죠. 운동은 비만 예방에 도움이 되지만 스트레스 해소 수단이기도 해요. 적절한 운동은 고양이의 생활에 활기를 줍니다. 스스로 몸을 움직이지 않으려는 고양이라면 놀이나 캣타워, 캣휠 같은 기구와 사료가 나오는 장난감 등을 활용해 충분히 활동하도록 유도합시다.

과식

초보 집사가 가장 많이 실수하는 것이 하루에 필요한 '적정 열량'에 간식도 포함된다는 사실을 모른다는 점입니다. 1일 식사량은 사료는 물론 간식을 포함해 계산해야 해요. 이와 함께 나이, 활동량, 몸무게를 고려해 적절한 하루 급여량을 정합니다.

또 언제나 사료를 채워 넣어 고양이가 자유롭게 식사할 수 있는 자율 급식을 택한 경우 고양이가 비만이 될 가능성이 높아요. 식탐이 많은 고양이라면 미리미리 일정한 식사 시간과 횟수를 정해 급여합시다. 만약 장시간 외출해야 한다면 자동 급식기로 조절해주는 것이 좋습니다.

중성화 또는 노화

고양이가 중성화 수술을 하면 호르몬의 균형이 깨집니다. 이 때문에 기초대사량이 줄어들어 같은 양을 먹어도 비만이 될 확률이 높아져요. 기초대사량이란 고양이가 생명을 유지하기 위해 필요한 최소한의 열량입니다. 그러므로 중성화 수술을 한 후에는 이전보다 식사량을 약 30% 줄여야 합니다.

또 고양이가 나이가 들면 자연스레 활동량과 기초대사량이 줄어 비만이 될 확률도 높아져요. 그래서 7세 이후부터는 칼로리가 너무 높은 식사는 피하고 연령대에 맞는 사료를 골라야 합니다.

✔ 고양이 1일 권장 칼로리 계산하기

고양이의 적정 체중을 기준으로 1일 권장 칼로리(kcal)를 계산할 수 있어요. 1일 권장 칼로리는 하루에 얼마만큼 식사를 급여할지 판단하는 기준이 됩니다. 여기에는 체중뿐 아니라 연령, 활동량, 중성화 유무 등 다양한 요건을 고려해야 해요.

1일 권장 칼로리를 계산하기 위해서는 우선 고양이의 기초대사량을 알아야 합니다.

- 기초대사량 = 30 × 고양이 체중(kg)+70
- 1일 권장 칼로리 = 기초대사량 × 가중치

* 가중치에 들어갈 숫자는 <도표 4>를 참고해주세요.

예를 들어 5kg의 중성화한 성묘라면 다음과 같은 계산식이 성립됩니다.

- 기초대사량 = 30 × 5kg + 70 = 220kcal
- 1일 권장 칼로리 = 220kcal × 1.2 = 264kcal

고양이 연령	가중치
4개월 미만	3.0
4~6개월	2.5
7~12개월	2.0
중성화한 성묘	1.2
일반 성묘	1.4
운동량이 많은 성묘	1.6
노묘	0.7
비만묘	0.8

그럼 5kg 고양이의 하루 필요 열량은 264kcal란 결과가 나왔습니다. 그럼 이제 사료 칼로리를 고려해 알맞은 양을 급여하면 됩니다. 간식은 하루 필요 열량의 10%만 주는 것을 권장합니다. 5kg인 고양이라면 26.4kcal는 간식으로, 나머지 237.6kcal는 사료로 급여하면 됩니다. 이처럼 하루 필요 열량을 고려해 식사와 간식 양을 조절해주세요.

비마이펫 Tip

다이어트 식사량 계산법

1일 권장 칼로리 계산을 이용해 <도표 4>의 비만묘 가중치인 0.8을 곱해 도출된 결과에 맞게 사료를 주세요. BCS 점수를 기준으로 5점에 도달했을 때 다이어트를 멈추면 됩니다. 다이어트 식사는 정해진 양을 3~5회에 걸쳐 나눠 급여하는 것을 추천하며, 저칼로리 다이어트 사료로 바꾸거나 간식을 줄여도 됩니다. 단, 고양이 건강 상태에 따라 칼로리가 더 필요할 수 있으니 수의사와의 상담을 잊지 마세요.

고양이가 싫어한다고 양치를 미뤄서는 안 돼요

고양이는 3세 이상이 되면 80% 이상이 치과 질환에 걸릴 정도로 치아 건강에 문제가 생기기 쉬워요. 앞에서 언급했듯 고양이 대표 질병 중 하나가 구내염입니다. 이런 질환에 걸리면 입안이 아파 사료를 잘 먹지 못하고 탈수, 지방간 등의 질병으로 이어질 수 있으니 매우 주의해야 합니다. 덧붙여 집사에게 그루밍을 해줄 때마다 아찔한 입 냄새도 각오해야 하지요.

가정에서 할 수 있는 가장 효과적인 예방법은 규칙적인 양치질입니다. 그런데 문제는 양치를 좋아하는 고양이가 없다는 점이죠. 이번 챕터에서는 고양이 스트레스를 최소화하는 양치 훈련을 알려드리겠습니다.

√ 고양이 양치 훈련 방법

1단계: 익숙해지기

고양이에게 얼굴은 치명적인 약점입니다. 경계심이 높은 상태에서는 집사의 손이 다가오는 것조차 싫어하고 피할 수 있어요. 따라서 고양이가 입 주변을 만지는 데 익숙해지도록 하는 것이 중요해요. 쓰다듬어주면서 입 주변을 만지고, 입술을 들어 올린 후 바로 간식을 주는 방법으로 경계심을 낮춰주도록 하세요.

2단계: 치약 맛보기

손가락 위에 치약을 짜서 고양이 입 주변에 가져가세요. 고양이가 쿵쿵거리며 냄새를 맡다가 할짝할짝 맛본다면 반은 성공이에요. 대부분의 반려동물 치약은 거부감을 줄이기 위해 간식 맛으로 나온 제품이 많아요. 다양한 제품을 활용하면서 고양이의 취향을 찾아보세요.

3단계: 가볍게 이빨 만지기

치약과 입 주변을 만지는 것에 익숙해졌
다면 거즈나 손수건을 손가락에 감고 치약
을 묻혀 가볍게 이빨 문지르기를 시도해보세
요. 고양이가 거부한다면 톡 건드리는 수준에
서 천천히 익숙해지도록 하는 것이 중요해요.

4단계: 칫솔 적응하기

고양이의 칫솔을 고를 때는 헤드가 작고 모가 부드러운 것을
선택하세요. 헤드가 너무 크면 어금니까지 닦기 힘들고, 모가 억
세면 잇몸에 상처가 날 수 있기 때문입니다. 바로 칫솔을 입에 가
져다 대지 말고, 칫솔에 치약을 발라 장난치듯 놀아주세요. 점차
익숙해지면 칫솔로 입 주변을 건드리면서 조금씩 안쪽까지 닦도
록 합니다.

√ 양치 훈련은 인내심을 가지고 천천히

고양이 양치는 최소 한 달 이상 인내심을 가지고 천천히 진행해
주세요. 고양이 치아는 매일 1회 이상 닦는 것이 이상적이지만,

너무 어렵다면 적어도 주 2~3회를 목표로 훈련하세요. 이빨과 잇몸에 치약만 발라줘도 양치를 전혀 하지 않는 고양이에 비해서는 훨씬 낫습니다. 만약 고양이가 칫솔을 심하게 거부한다면 거즈만 이용해서 관리해도 괜찮아요.

고양이는 플라크 제거가 중요!

사람과 고양이의 양치는 개념이 달라요. 사람이 양치를 제대로 하지 않으면 충치가 생기지만, 고양이는 충치보다 치석이 문제가 된답니다. 치석의 원인이 되는 플라크를 제거해주는 것이 중요하죠. 이미 생긴 치석은 칫솔로 아무리 문질러도 제거되지 않아요. 따라서 양치로 치석을 예방하고 이미 생긴 치석은 동물병원에서 스케일링을 받아 제거해야 한답니다.

 비마이펫 Tip

새끼 고양이에게도 양치가 필요할까?
'새끼 고양이 때의 유치는 어차피 다 빠지니까 괜찮겠지' 하는 마음으로 새끼 고양이의 양치를 미루면 안 돼요. 고양이가 양치에 익숙해지려면 꽤 긴 시간과 집사의 인내심이 필요한 만큼, 스펀지처럼 주변의 자극을 쑥쑥 받아들이는 새끼 때부터 훈련시키는 것이 중요합니다.

고양이가 사람 음식을 먹으면 위험해요

맛있겠다옹♥

집사가 밥을 먹을 때 대부분 고양이는 음식 냄새만 맡고 큰 관심을 가지지 않아요. 하지만 때때로 식탁까지 올라와 음식에 관심을 보이거나, 주변을 맴돌며 우는 고양이들이 있어요. 이럴 때 '이건 괜찮지 않을까?' 하고 무심코 준 음식이 고양이에게는 독이 될 수도 있습니다. 또 집사가 실수로 떨어뜨린 음식을 주워 먹을 수 있기 때문에 주의가 필요해요. 그중에서도 고양이에게 절대 주면 안 되는 음식에 대해 알아봅시다.

✓ 고양이에게 절대로 주면 안 되는 음식

초콜릿

초콜릿에 함유된 테오브로민이라는 성분이 고양이에게 중독 증상을 유발할 수 있어요. 테오브로민은 초콜릿의 원료인 카카오에 함유된 성분으로 중추신경을 자극합니다. 고양이 몸무게 1kg당 20mg 이상의 테오브로민을 섭취하면 중독 증상이 나타날 수 있으며 심하면 사망까지 이를 정도로 위험한 성분이에요.

테오브로민 중독 증상
- 구토
- 설사 또는 소변량 증가
- 발작
- 심장부정맥, 심장마비 및 사망

포도

개에게 위험하다고 알려진 포도는 고양이에게도 치명적일 수 있어요. 포도의 어떤 성분이 중독 증세를 일으키는지 아직 과학적으로 밝혀지지 않았지만, 고양이가 포도를 섭취했을 경우 심각한 구토 또는 급성 신부전, 간 기능 손상을 일으킬 수 있어요. 최악의 경우 사망까지 이를 수 있는 무서운 과일입니다. 건포도, 와인, 포도주스 등 포도로 만든 가공식품 역시 위험하므로 주의하세요.

양파

양파에는 알릴 프로필 다이설파이드(Allyl Propyl Disulfide)라는 성분이 함유되어 있어요. 이 성분은 사람에게는 괜찮지만 고양이의 적혈구를 파괴해 중독 증상을 일으킬 수 있

양파 중독 증상

- 활동량 감소, 무기력
- 식욕 감퇴
- 고열
- 잇몸 색이 창백해진다.
- 검붉은색의 소변을 눈다.

습니다. 이 독성 성분은 양파 외에도 대파, 부추, 마늘에 함유되어 있어요. 성분의 함량만 다를 뿐 고양이에게는 위험할 수 있으니 조심해야 합니다.

카페인류 음료

고양이는 사람보다 카페인에 민감하기 때문에 커피와 같은 카페인 음료를 섭취했을 때 중독 증상을 보일 수 있어요. 과량 섭취 시 구토, 발열, 고혈압, 발작 등이 나타날 수 있으며 심한 경우 사망에 이를 수 있습니다.

우유

고양이를 떠올리면 우유를 할짝할짝 마시는 광경이 함께 떠오르지요? 하지만 대부분 고양이는 개와 마찬가지로 우유 내 락토

오스 성분을 소화하지 못해 설사나 구토 증상을 보일 수 있어요. 새끼 고양이를 구조했을 때 사람용 우유를 먹여선 안 되는 것도 이 때문이에요. 고양이용 우유를 급여하거나, 락토오스 성분이 적은 제품을 고르세요.

생선과 생고기

고양이 하면 날렵하게 쥐나 생선을 잡아먹는 모습이 생각나지 않나요? 하지만 이 방법으로 먹는다면 먹어선 안 되는 음식이 됩니다. 익히지 않은 생선과 생고기는 고양이에게 박테리아나 기생충을 감염시켜요. 대신 사료나 간식처럼 조리된 음식이면 괜찮습니다. 집에서 고기나 생선을 주고 싶다면 지방이 적은 부위를 골라 간을 하지 않고 물에 삶아주는 것이 좋아요. 주식이 아닌 간식 개념으로 소량만 주는 것이 좋습니다.

이 밖에도 고양이가 먹으면 위험한 음식은 셀 수 없이 많아요. 그러므로 가능하면 사람 음식은 아예 주지 않는 게 좋습니다. 만약 주고 싶다면 고양이가 먹어도 되는지 먼저 알아보고, 간식 개념으로 아주 소량으로 줘야 해요.

✓ 고양이가 사람 음식을 먹고 싶어 한다면?

집고양이는 대부분 사람 음식에 별로 관심을 보이지 않아요. 하지만 길고양이라면 사람 음식을 맛본 경험이 있어 집사가 밥을 먹을 때 먹고 싶어 하거나, 식탁 위까지 올라올 수 있어요. 만약 고양이가 사람 음식을 너무 먹고 싶어 한다면 어떻게 대처해야 할까요?

고양이 식사부터 준비하기

맛 좋다냥~

사람과 마찬가지로 고양이도 배가 고프면 맛있는 냄새에 이끌려 사람 음식에 관심을 가지게 될 수 있어요. 집사가 식사하기 전, 또는 식사하는 타이밍에 맞춰 고양이도 함께 밥을 주도록 합시다. 이미 배가 부른 상태에서는 음식에 대한 관심이 줄어들 수 있어요.

식탁이 보이는 곳에 고양이 자리 만들기

식탁에서 왁자지껄 떠들며 즐거워 보이는 집사의 모습이 고양이의 관심을 끌 수 있어요. 꼭 음식을 먹고 싶어서라기보다는 식탁 위가 궁금한 것이죠. 이때 식탁이 내려다보이는 높은 곳에 고양이 자리를 만들어주면 식구들을 관찰할 수 있어 고양이가 식탁에 올라오지 않을 수 있어요.

끝까지 무시하기

고양이가 계속 음식을 요구하거나 쳐다본다면 집사의 마음은 자연스럽게 약해지죠. 하지만 한번 어리광을 받아주기 시작하면 계속해서 고양이가 조를 수 있어요. 고양이가 먹어도 되는 음식이라 하더라도 사람이 식사를 하고 있을 때는 주지 않도록 합시다.

 비마이펫 Tip

고양이가 먹어도 되는 음식
고양이 전용 사료와 간식 외에도 소량의 과일은 먹어도 됩니다. 대신 껍질과 씨앗은 반드시 제거하고 과육만 작게 잘라주어야 해요. 씨앗과 껍질이 종종 고양이에겐 독이 되는 경우가 있기 때문이에요. 고양이가 먹어도 되는 과일과 먹으면 안 되는 과일 몇 가지를 소개합니다.

- 고양이가 먹어도 되는 과일: 사과, 딸기, 수박, 복숭아, 블루베리, 감
- 고양이가 먹으면 안 되는 과일: 포도, 망고, 무화과, 가공된 과일

고양이를 목욕시킬 때는 주의해야 해요

고양이는 실내에서 생활하는 동물이기 때문에 자주 목욕을 시킬 필요가 없어요. 더군다나 깨어 있는 시간 중 절반 이상을 그루밍하며 몸을 정돈하기 때문에 고양이의 몸은 아주 깨끗한 편입니다. 하지만 꼭 목욕을 시켜야 할 때가 있어요. 대부분의 고양이가 물을 싫어하니 목욕시킬 때 주의가 필요해요. 고양이 목욕, 언제 어떻게 시켜야 할까요?

√ 고양이는 언제 목욕시켜야 할까?

고양이는 별다른 이상이 없다면 굳이 스트레스를 주며 목욕을 시킬 필요는 없어요. 단모종의 경우 1~2년에 한 번 정도 목욕을 하거나 평생 목욕을 하지 않는 고양이들도 있습니다. 하지만 고양이에게도 목욕이 필요할 때가 있어요.

해충 또는 피부병이 있을 때

만약 입양한 지 얼마 되지 않은 고양이라면 벼룩이나 진드기 같은 해충이나 피부병이 있을 가능성이 높아요. 이때는 수의사의 진단에 따라 처방약 또는 약물 목욕이 필요할 수 있습니다. 특히 길고양이라면 몸에 이물질이 묻어 있을 수 있으니 합사하기 전 목욕을 시키는 편이 좋아요.

이물질이 묻었을 때

고양이에게 사람 화장품이나 향수, 음식물, 기름, 세제 등 이물질이 묻은 경우에는 목욕을 시켜줘야 해요. 고양이가 그루밍을 하면서 털이나 발바닥에 묻은 이물질을 핥아 중독 증상을 일으킬 수 있으며 피부 염증을 일으킬 위험도 있기 때문입니다.

털갈이 시기

장모종이 아니더라도 털갈이 시기에는 목욕으로 죽은 털을 제거해주는 것이 좋아요. 그루밍을 하면서 죽은 털을 너무 많이 삼키면 장에서 털이 뭉쳐 구토할 수 있습니다. 잦은 구토는 식도에 부담을 줄 수 있어요.

입 냄새가 날 때

고양이가 구내염과 같은 구강 질환으로 입 냄새가 심하게 날 경우 그루밍을 하면서 몸 전체에 냄새가 퍼질 수 있어요. 이럴 때는 치료와 함께 고양이의 몸을 씻어주어야 합니다. 만약 고양이 몸에서 평소와 달리 냄새가 심하게 난다면 질병의 신호일 수 있으니 진료를 받아보도록 하세요.

털이 긴 장모종 고양이

품종에 따라 목욕이 필요한 고양이들도 있어요. 장모종의 경우 단모종에 비해 털이 길고 풍성하기 때문에 빗질과 목욕을 자주 해줘야 해요. 그냥 방치할 경우 빠진 털이 서로 뭉쳐 엉키거나 피부염을 유발할 수 있으니 주의합시다.

✔ 고양이 목욕시키는 방법

고양이를 목욕시키기 전 빗과 전용 샴푸, 흡수력이 좋은 타월을 준비하도록 합니다. 샴푸는 반드시 고양이 전용 제품을 사용해야 해요. 사람이 쓰는 샴푸는 고양이에게 너무 자극적이라 피모에 염증이나 트러블을 유발할 수 있어요.

1단계: 목욕 전 준비

목욕하기 전 충분히 빗질을 해줘야 털이 엉키지 않고, 피부 속까지 잘 씻겨요. 털이 젖으면 엉키기 쉽습니다. 고양이가 목욕을 너무 싫어한다면 목욕 전 발톱을 깎는 편이 집사의 안전을 위해서도 좋아요.

2단계: 욕실 온도 높이기

고양이가 목욕을 싫어하는 이유 중 하나가 바로 체온이 떨어지기 때문입니다. 따뜻한 물을 미리 틀어두고 바닥 타일과 욕실의 공기를 데워주는 것이 좋아요. 겨울에는 체온이 급격히 떨어질 수 있으니 주의하세요.

3단계: 엉덩이 쪽부터 몸을 적신다

고양이 중에는 샤워기파와 욕조파가 있어요. 샤워기에서 나오는 물을 무서워한다면 대야에 물을 받아 몸을 적셔주세요. 욕조에 물을 받아 씻을 경우 피부에 자극이 될 수 있으니 35~36℃ 정도의 미지근한 물을 준비합니다. 샤워기로 씻을 경우 물 온도는 사람의 체온과 비슷한 36~37℃가 적당해요. 샤워기를 너무 세게 틀면 고양이가 놀랄 수 있으니 조심합시다. 얼굴과 먼 엉덩이 쪽부터 차근차근 적셔주세요.

4단계: 고양이용 샴푸로 세척한다

고양이용 샴푸를 손에 덜어 충분히 거품을 낸 후 씻기세요. 이때 손톱을 세워서 긁거나 너무 세게 문대지 않도록 주의해야 해요. 부드럽게 손가락을 이용해 씻기고 얼굴은 눈과 귀, 코에 물이 들어가지 않도록 손으로 살짝 닦아만 주세요. 샴푸 후 잔여물이 남지 않도록 충분히 행구는 것이 중요해요. 샴푸 잔여물이 남으면 고양이가 그루밍을 하며 섭취할 수 있어요.

5단계: 타월과 드라이기로 물기를 제거한다

욕실 안에서 타월로 물기를 최대한 제거해주세요. 드라이기 사용 시간을 최소한으로 줄이는 것이 고양이의 스트레스를 줄여주는 길입니다. 드라이기를 사용할 때는 가장 낮은 온도에서 멀찍이 떨어져 고양이의 허리부터 말려주세요. 난방 기구를 함께 사용하면 더 빨리 물기를 제거할 수 있어요. 또 욕실에서 나가기 전 집 안을 평소보다 따뜻하게 해두는 것도 방법입니다. 하지만 아무리 노력해도 목욕을 싫어하는 고양이라면 다음의 방법을 사용해보세요.

- 젖은 타월로 몸 닦아주기
- 오염된 부분만 샴푸로 씻어주기
- 고양이용 드라이 샴푸 사용하기
- 고양이 몸 세척용 물티슈 사용하기

 비마이펫 Tip

샴푸는 고양이 취향에 맞춰주세요
고양이가 목욕을 싫어하는 이유 중 하나가 샴푸 냄새 때문입니다. 고양이의 후각은 아주 예민하기 때문에 향이 너무 강하면 스트레스를 받아요. 따라서 사람이 맡았을 때 향이 좋은 샴푸는 고양이에게 좋지 않습니다. 가능하면 향이 약한 제품 혹은 무향 제품를 선택하는 게 좋겠죠. 고양이가 좋아하는 식물인 캣닙 향 샴푸도 있으니 참고해주세요!

고양이에게 옷이나 장신구는 필요하지 않아요

내가 원하는 스타일은 따로 있다고!

종종 SNS에서 예쁜 방울이 달린 목걸이를 착용하거나 귀여운 옷을 입은 고양이를 보면, 너무나 사랑스럽습니다. '우리 집 고양이도 이런 방울을 달거나 옷을 입으면 얼마나 귀여울까?' 하는 생각에 옷을 입혀보면 대부분 고양이가 앙칼지게 싫어하거나 '고장 났다'라는 표현을 만들어낸 움직임이 어색하고 둔해지는 모습을 보여요. 이 모습 역시 우리에겐 귀엽기만 하지만, 고양이에게는 스트레스로 작용할 수 있습니다. 이제부터 고양이가 특히 싫어하는 장신구와 옷을 알아보겠습니다.

✓ 고양이가 싫어하는 장신구와 옷

소리 나는 목걸이

고양이 목걸이 중에는 고양이의 위치를 알려주는 작은 방울이 달린 제품이 많아요. 이런 목걸이는 고양이에게 아주 극심한 스트레스를 줍니다. 사람도 움직일 때마다 계속 소리가 난다면 아주 고통스러울 거예요. 더군다나 고양이는 매우 작은 소리까지 감지하니 움직일 때마다 방울 소리가 들리면 정말 괴로울 거예요.

무겁거나 부피가 큰 장신구

고양이에게 너무 무겁거나 부피가 큰 장신구는 몸에 무리를 줍니다. 특히 너무 무겁거나 장식이 많이 달린 목걸이는 고양이의 목과 어깨 근육에 큰 부담이 될 수 있어요. 또 고양이는 높은 곳에 훌쩍 올라가거나 갑자기 힘껏 뛰어다니며 우다다를 하곤 하는데, 이때 주변에 장신구가 걸려 큰 사고가 날 수 있어요.

딱딱하고 거친 소재

고양이는 털이 있어 외부 자극에 강할 것 같지만 사람보다 피부가 약해요. 장신구처럼 몸에 착용하는 것은 지속적으로 피부에 닿는 것이기 때문에 딱딱하고 거친 소재는 피하는 것이 좋아요. 또 고양이가 피부에 불편함을 느끼면 반복해서 같은 부위를 그루밍하게 되는데, 이때 피부염이나 탈모를 유발할 수 있습니다.

멋내기용 옷

기본적으로 옷은 고양이에게 큰 스트레스를 줍니다. 옷을 입히면 고양이의 '최애' 행동인 그루밍을 할 수 없게 되는데, 고양이에게 그루밍은 털 정리 외에도 체온 조절과 스트레스 해소 등 다양한 안정 효과를 주기 때문이에요.

√ 그럼에도 고양이에게 옷, 장신구를 착용시켜야 한다면

수술이나 타박상이 있는 부위를 핥지 못하게 하기 위해 입히는 '환묘복', 외출 시 실종 사고를 대비한 '미묘 방지용 목걸이' 등 불가피하게 고양이에게 옷이나 장신구를 착용시켜야 할 때가 있어요. 그럴 때 다음의 체크리스트를 점검해보세요.

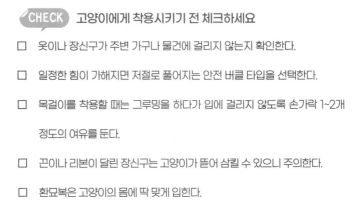

CHECK 고양이에게 착용시키기 전 체크하세요

☐ 옷이나 장신구가 주변 가구나 물건에 걸리지 않는지 확인한다.

☐ 일정한 힘이 가해지면 저절로 풀어지는 안전 버클 타입을 선택한다.

☐ 목걸이를 착용할 때는 그루밍을 하다가 입에 걸리지 않도록 손가락 1~2개 정도의 여유를 둔다.

☐ 끈이나 리본이 달린 장신구는 고양이가 뜯어 삼킬 수 있으니 주의한다.

☐ 환묘복은 고양이의 몸에 딱 맞게 입힌다.

☐ 멋내기용 옷이나 모자는 단시간만 착용시킨다.

 비마이펫 Tip

미묘 방지용 목걸이 대신 반려동물 등록!
고양이 동물 등록은 2022년 2월 1일부터 전국에서 시범사업으로 시행되고 있어요. 고양이의 경우 내장형 무선 식별 장치만 허용되고 있습니다. 고양이 몸에 내장형 장치를 넣는다는 것이 고민이 될 수 있지만, 내장형 장치는 쌀알 정도의 크기로 배부 착고 삽입 시 통증이 거의 없다고 합니다. 염증이나 부작용이 생길 위험은 약 0.01%라고 하니, 고양이가 불편해하는 목걸이 대신 동물 등록을 이용해보는 건 어떨까요?

고급 사료와 의료 기술의 발전으로 과거에 비해 고양이의 수명이 많이 늘어났어요. 하지만 여전히 집사에게는 너무 짧은 시간이죠. 이때 고양이의 생애 주기에 맞춰 잘 돌봐준다면 고양이가 건강하게 장수하는 데 도움이 될 수 있어요. 일반적인 고양이의 수명에 대해서 먼저 알아볼까요?

✦ 고양이의 평균수명은?

고양이의 수명은 성별, 품종, 생활환경 등 다양한 조건에 따라 달라지지만, 보통 15~20년 정도가 평균수명으로 알려져 있어요. 그중에서도 완전히 실내에서 생활하는 고양이가 산책을 하거나 마당에서 키우는 고양이보다 평균수명이 긴 편이에요. 이는 고양이가 다양한 바이러스, 전염병, 기생충, 교통사고 등과 같은 위험에 노출될 확률이 적기 때문입니다.

✦ 고양이의 생애 주기

유아기: 0~6개월(사람 0~10세)

고양이의 성장이 아주 빠른 시기입니다. 생후 1개월부터 조금씩 젖을 떼고 2개월이 지나면 건사료를 먹을 수 있게 되죠. 사회성을 기르는 시기로 호기심이 많아 이것저것 건드려 물건을 망가뜨리기도 합니다.

사춘기: 7개월~2세(사람 11~24세)

고양이 체력이 가장 왕성한 시기입니다. 온 집 안을 힘껏 뛰어다니는 일명 '우다다'를 자주 하기도 하죠. 충분히 움직이도록 사냥 놀이를 해주고, 캣휠이나 캣타워 등을 마련해주세요. 사춘기에는 종종 공격적으로 변하는 고양이도 있습니다.

청년기: 3~6세(사람 25~40세)

어느 정도 철이 든 성묘 시기입니다. 세 살만 되도 장난감에 격렬한 반응을 보이지 않아요. 움직임이 적어져 살이 찌기도 합니다. 운동량은 건강에 영향을 미치므로 고양이의 흥미를 끄는 다양한 장난감을 마련해 놀아주세요.

장년기: 7~10세(사람 41~56세)

고양이의 움직임이 느려지고 활력이 떨어지는 시기입니다. 사람의 성인병처럼 당뇨, 고혈압, 구강 질환 등에 걸릴 확률도 높아져요. 1년에 1~2회 정기적으로 건강검진을 해주세요.

중년기: 11~14세(사람 57~72세)

노화가 눈에 뜨게 드러나는 시기입니다. 신장 질환, 심장 질환, 갑상선 질환 같은 고위험군 질병에 걸릴 확률이 급격히 높아집니다. 조금이라도 이상이 있다면 바로 병원에 데려가는 것이 좋아요. 노령묘용 사료를 급여하는 것이 좋고, 고칼로리 음식은 피해주세요.

노년기: 15세 이상(사람 73세 이상)

고양이 신체와 장기의 전반적인 기능이 저하되는 시기입니다. 이 시기는 면역력은 물론 시력, 청력이 감퇴하므로 돌봄이 필요한 어르신이라 생각해야 합니다. 이때 스트레스는 몸 상태에 큰 영향을 줄 수 있으니 더욱 신경 써주세요.

고양이가 건강하게 장수하는 10가지 방법

고양이는 노화가 진행되면 다양한 신체 변화가 나타나요. 고양이 수면 시간은 성묘 기준으로 하루 14시간이지만 나이를 먹으면 평균 18시간 정도 자게 됩니다. 소화기가 약해져 식욕이 줄고 구토를 자주 할 수도 있어요. 관절도 약해져 걸음걸이가 느려지고, 몸을 구부리기 힘들어 그루밍도 구석구석 하지 않게 됩니다. 고양이가 아프지 않고 건강하게 오래오래 살기 위해 다음의 10가지*를 기억해주세요.

- 철저히 실내에서 키우며 안전한 환경을 만들어준다.
- 화장실, 식기 등의 생활용품과 집 안 환경을 깨끗하게 유지한다.
- 균형 잡힌 식사를 적정량 급여한다.
- 신선한 물을 충분히 급여해 요로계 질환을 예방한다.
- 대소변의 상태와 양, 횟수를 살핀다.
- 평소 행동을 잘 관찰하고 이상이 있을 때 빨리 대처한다.
- 스킨십을 자주 하며 몸 상태를 확인한다.
- 정상 체중을 유지하도록 관리한다.
- 건강검진, 백신 접종 등 주기적으로 진찰을 받는다.
- 스트레스를 해소할 수 있도록 매일 사냥 놀이를 해준다.

* 출처: 국제고양이보호단체(International Cat Care)

PART 4

삑! 고양이가 불안해하는
환경은 피해요

고양이는 이사할 때 스트레스를 받을 수 있어요

고양이를 키우면 신경 써서 챙겨야 하는 부분이 많아요. 그중에서도 고양이가 사는 공간은 더욱 신경을 써야 합니다. 영역 동물인 고양이에게 새로운 것, 새로운 환경은 불안과 스트레스를 불러와요. 특히 이사같이 생활환경이 극적으로 바뀌는 경우에는 반드시 적응 과정이 필요합니다. 그래서 집사에게 이사는 '고양이가 이사하는 날'이라고 할 만큼 고양이 중심으로 생각하며 고민해야 해요. 새집에 적응하는 과정뿐만 아니라 이사하기 전, 이사하는 과정, 이동하는 과정 등 면밀한 준비가 필요합니다.

√ 고양이와 이사하기 전 체크리스트

동물 병원 방문하기

가장 먼저 해야 할 일은 이사하기 전, 기존에 다니던 동물 병원에 방문해 고양이의 건강과 컨디션을 점검하는 것입니다. 이사는 고양이에게 스트레스가 되고 체력에 부담을 주는 일이기에 가능한 한 고양이의 컨디션이 좋을 때 이사하는 것을 추천해요.

기존 동물 병원에서 고양이 건강 기록부를 발급하는 것도 잊지 마세요. 이사하는 과정에서 일어날 수 있는 고양이 컨디션 악화에도 대비해주세요. 차량 이동 시 멀미가 심한 고양이라면 미리 멀미약을 처방받거나 심한 경우 수의사의 진단에 따라 안정제를 처방받아두는 것도 좋습니다. 또 이사한 후 컨디션이 급격히 떨어지는 고양이들이 많기 때문에 새로 이사할 지역의 24시간 동물 병원을 미리 알아두면 좋습니다(고양이 동물 병원을 고르는 방법은 뒤에서 자세히 설명하겠습니다).

- ☐ 고양이 건강 기록부 발급하기

- ☐ 멀미가 심한 고양이라면, 멀미약 처방 받기

- ☐ 수의사 진단에 따라 안정제 처방 받기

이동장 훈련하기

기존 집과 이사하는 곳의 거리가 멀다면 이동장 훈련은 필수입니다. 이사하기 전부터 평소 생활하는 공간에 자연스럽게 이동장을 두세요. 항상 문을 열어놓아 고양이가 이동장을 경계하지 않도록 하는 것이 중요합니다. 고양이가 이동장 안에 들어간다면

간식을 주어 긍정적인 이미지를 가질 수 있도록 해주세요. 이동장 안에 고양이가 좋아하는 담요와 장난감을 넣어두는 것도 방법입니다.

이삿짐 꾸리기

이삿짐을 쌀 때도 고양이가 스트레스를 받을 수 있어요. 가능한 한 조금씩 짐을 정리하고, 이삿짐은 한곳에 모아두세요. 이사 당일에 고양이가 머무를 방을 미리 정리해두고, 그 방에서 시간

을 보내는 것을 연습해주세요. 또 기존에 사용하던 화장실과 식기, 이불, 쿠션 등을 모아놓고 일정 시간 놀이를 해주세요. 이사하기 전에는 정말 특별한 상황이 아닌 이상 고양이의 물건은 교체하지 않습니다.

√ 이사 당일 체크리스트

고양이 분리시키기

이사 당일에는 낯선 사람들과 큰 소음 등 고양이가 불안을 느낄 요소가 정말 많아요. 미리 준비해둔 방에 고양이를 분리시킨 후 반드시 창문과 문을 닫아두세요. 문 앞에는 고양이가 있으니 문을 열지 말라는 안내문을 부착해 함부로 문을 열지 못하도록 하세요. 가능하다면 집사가 함께 방에 있으면서 고양이의 상태를 지속적으로 체크해주세요.

만약 고양이를 분리할 방이 없다면 이삿날에는 고양이를 차 안에서 대기시켜주세요. 이때 고양이만 차 안에 두고 나가지 않도록 주의하세요. 특히 여름에는 차 안에 에어컨을 틀어 실내 온도를 조절하는 것이 중요해요.

반드시 고양이 옆을 지켜주세요!

정신없고 바쁜 이삿날이지만 반드시 집사 한 명이 고양이의 곁에 있어야 해요. 가족 구성원끼리 돌아가며 고양이와 함께 있어주는 것도 방법입니다. 이삿날 고양이를 잃어버리거나, 고양이의 컨디션이 갑작스럽게 악화되어 응급 상황이 발생하는 사례가 많아요.

차로 이동해야 한다면

이사하는 곳이 자동차로 1~2시간 이상 소요되는 거리라면 장거리 이동을 준비할 필요가 있어요. 고양이의 식사는 이동 2~3시간 전에 마치게 하고, 평소 차멀미가 심한 아이라면 4~5시간 전에 식사를 마치게 합니다. 수분은 이동 전 1시간까지만 섭취하게 하는 것이 좋아요.

승차하기 전에는 차 안을 충분히 환기해 음식 냄새나 방향제 냄새, 담배 냄새 등 불쾌한 냄새를 최소화하고, 고양이의 체취나 집사의 체취가 남아 있는 담요를 깔아주세요. 이동장 안의 온도는 차내 온도보다 더 높을 수 있으니 20℃ 전후로 쾌적한 환경을 만들어주세요.

운전할 때는 급제동과 급발진을 하지 않도록 주의하고, 1시간 간격으로 휴식을 취하는 것이 좋아요. 이동할 때도 고양이가 불안을 느낄 수 있으니 평소처럼 상냥하게 말을 걸어주세요.

이사 후 방 정리할 때 주의점

이사한 집의 구조는 최대한 기존 집과 비슷하게 정리하는 것이 좋아요. 특히 화장실 위치를 신경 써야 해요. 달라진 환경에서 고양이에게 가장 중요한 건 화장실 위치로, 가능하면 화장실 주변 환경을 이전 집과 비슷하게 만들어주세요.

기존에 사용하던 고양이 물건이 낡았다고 해도 절대 버리지말고 그대로 가지고 가세요. 고양이가 새로운 집에 익숙해질 수있도록 도와줄 거예요. 원래 사용하던 이불과 침대, 숨숨집을 최대한 활용하고, 고양이가 안정을 찾을 때까지 옆에 있어주세요.

새집이 낯선 고양이들이 갑자기 튀어나갈 수 있으니 창문에는반드시 방묘창을 설치하고, 만약 방묘창이 설치되어 있지 않다면문단속에 신경 써야 해요.

이사 당일 고양이와 함께 있어주기

이사 당일에는 고양이가 새집에 적응하지 못해 불안해할 수 있어요. 우선 큰 짐만정리한 후 고양이와 함께 있어주세요. 집사가 고양이와 오래 떨어져 있거나 청소하며 큰 소음을 내면 고양이가 안정감을 느끼기 어려워요. 고양이가 숨어 있다면 근처에 누워 이름을 상냥하게 불러주고, 계속 고양이의 상태를 확인해주세요. 고양이가 주변을 살펴보기 위해 밖으로 잠깐 나왔을 때 간식이나 식사를 주고, 억지로 밖으로 꺼내지 않도록 주의하세요. 집사는 무엇보다 여유롭고 안정적인 모습을 보여주는 것이 가장 중요합니다.

 비마이펫 Tip

불안해하는 고양이에게 펠리웨이를 추천해요
이사 내내 고양이가 스트레스를 많이 받았다면 '펠리웨이'라는 제품을 사용하는 것도 방법입니다. 펠리웨이는 고양이가 기분 좋을 때 내뿜는 페로몬 향과 비슷하게 만든 제품으로 스프레이와 방향제 타입이 있습니다. 고양이마다 조금씩 다르지만, 고양이 심신을 안정시키는 효과가 있어요.

고양이 생활공간에 신경 써주세요

방이 썰렁하다냥….

휭~

고양이의 스트레스 없는 삶, 심신의 행복을 좌우하는 것은 바로 실내 공간. 고양이의 생활 영역입니다. 고양이의 특성을 고려한 알맞은 공간을 조성하는 것이 필요해요.

앞에서 잠깐 언급했던 고양이가 좋아하는 상하 운동이 떠오르시나요? 그럼 고양이가 행복해할 공간은 우선적으로 수직 공간이 확보된 집이겠죠. 좋은 발상입니다. 이번 챕터에서는 고양이의 습성을 다시 떠올려보며 고양이가 싫어하는 공간의 특징을 알아보고 어떻게 개선해야 하는지 알아보겠습니다.

✔ 고양이가 싫어하는 생활공간은?

개방된 화장실

화장실은 고양이가 절대로 방해받지 않아야 할 공간이에요. 따라서 너무 개방적인 공간보다는 조용한 곳이 좋아요. 만약 사람들이 화장실 주변을 자주 지나다닌다면, 고양이가 배변 활동에 온전히 집중할 수 없어요. 이런 경우 스트레스로 인한 변비나 소변 테러(스프레이), 심하면 방광염이나 요로결석 등으로도 이어질 수 있습니다.

고양이는 야생 생활을 하던 시절부터 배변 중 퇴로를 확보하려는 본능이 있던 동물이기 때문에 반대로 너무 좁고 꽉 막힌 공간에 화장실을 두는 것도 좋지 않아요.

낮은 가구 배치

고양이를 위한 높은 공간, 수직 공간을 마련해주세요. 고양이는 높은 곳에 올라가 주변을 살피고 관찰하며, 높은 공간에서 방해받지 않고 휴식을 취하는 걸 좋아해요.

집에 수직 공간이 없다면 비만은 물론 우울감을 겪을 수 있습니다. 그러니 높은 가구를 배치하거나 캣타워 등을 이용해 수직 공간을 만들어주세요.

숨을 공간이 없는 집

고양이는 몸을 숨겨 안정을 찾는 습성이 있어요. 낮잠을 자거나 쉴 때, 무섭거나 불안할 때 등 다양한 상황에서 몸을 숨깁니다. 그래서 상자나 봉투처럼 사방이 막힌 곳에 들어가는 걸 좋아하죠. 만약 집 안에 고양이가 숨을 공간이 없다면, 스트레스를 주는 요인이 될 수 있습니다.

이처럼 실내 생활을 한다고 해도 고양이에게는 자신만의 은신처가 꼭 필요해요. 그러니 고양이 전용 숨숨집이나 상자 등을 활용해 최소 두 곳 이상 숨을 공간을 만들어주세요.

너무 덥거나 추운 공간

조상이 사막에서 살았다는 기록이 있는 만큼 고양이는 추위에 약해요. 겨울철에는 담요와 숨숨집, 보일러, 전기장판 등을 통해 주변 온도를 높여주어야 합니다. 다만 전기장판이나 보일러 사용 시 너무 뜨거우면 고양이가 화상을 입을 수 있어 주의가 필요합니다.

고양이는 추위보다 더위에 비교적 강한 편이지만, 온도를 쾌

적하게 유지해야 해요. 만약 여름철 습도가 너무 높다면 그루밍 시 묻은 침이 증발하지 않게 되어 체온이 높아지고, 이런 경우 컨디션이 나빠질 수 있으니 주의해주세요.

향기로운 집

앞에서도 언급했듯 고양이는 후각이 아주 예민한 동물로, 강한 냄새가 난다면 스트레스를 받는 것은 물론 기관지에도 좋지 않아요. 만약 집사가 디퓨저나 룸 스프레이 등 향기 나는 제품을 좋아한다면 고양이가 스트레스받고 있을 확률이 높아요.

특히 고양이는 티트리 같은 아로마 방향제를 조심해야 해요. 아로마 방향제는 식물 유래 성분, 즉 식물에서 정제한 오일로 만듭니다. 사람은 이 오일을 자체 해독할 수 있지만, 고양이에게는 이를 해독할 능력이 없어요. 고양이가 향에 계속 노출되면 아로마의 성분이 체내에 쌓이게 되고 간에 부담을 주어 중독을 일으킵니다. 아로마 성분이 고양이

고양이 아로마 중독 증상

☐ 갑자기 눈물을 흘리거나 눈의 이물감을 호소한다.
☐ 피부 발진 또는 가려움, 부종 등을 보인다.
☐ 구토나 설사, 소변 실수를 한다.
☐ 활동량이 급격하게 줄고 기운이 없다.
☐ 식욕이 줄고 평소 잘 먹던 간식도 먹지 않는다.
☐ 저체온증, 근육 떨림, 경련을 보인다.
☐ 구강 점막에 염증이 생겨 침을 흘린다.
☐ 간 수치가 급격히 상승한다.

의 털, 피부에 묻을 경우 그루밍하며 먹는 경우가 있어 주의해야 해요. 이 경우 간 수치 저하나 신장 질환으로 이어질 수 있어요. 또 디퓨저를 둘 경우, 고양이가 디퓨저 액을 먹는 사고가 날 수 있어요.

고양이가 좋아하는 생활공간

☐ 화장실 개수가 여유 있다.
☐ 화장실이 조용한 곳에 있다.
☐ 고양이가 숨을 공간이 여러 군데 있다.
☐ 캣타워, 캣워크 등으로 상하 운동을 할 수 있다.
☐ 창문 근처에 앉아 바깥 구경을 할 수 있다.
☐ 집 안 온도를 계절에 맞게 조절할 수 있다.
☐ 고양이가 깨뜨릴 수 있는 물건이 놓여 있지 않다.
☐ 집 안에 향수, 디퓨저, 담배, 향초 등 강한 냄새가 없다.
☐ 식사 공간, 화장실, 휴식 공간이 분리되어 있다.
☐ 방묘창 혹은 방묘문이 있어 안전하다.
☐ 캣도어가 있어 고양이가 집사 방에 편하게 드나들 수 있다.

 비마이펫 Tip

고양이에게는 집 안 환경이 세상의 전부입니다
집 안 환경을 고양이 특성에 맞춰주는 일은 매우 중요해요. 집사와의 관계를 제외하고 집 안 환경은 고양이 세상의 전부라는 걸 기억해주세요. 환경 조성은 물론 집 안을 깨끗이 청소하는 것도 아주 중요해요. 여기저기 올라가는 걸 좋아하는 고양이는 종종 냉장고 위나 선반 등 높은 곳에 올라가기도 해요. 이런 장소는 평소 잘 청소하지 않는 곳이죠. 이런 부분도 청결을 유지해주세요.

고양이 병원은 아무데나 가선 안 돼요

동물 병원은 신중하게 골라야 합니다. 큰 질병이 없더라도 주기적으로 접종이나 검진을 받아야 하고, 문제 행동이 나타났을 때 상담을 받을 수 있는 곳이기 때문이에요. 무조건 최신 기기를 보유한 대형 병원만이 좋은 것도 아니며, 유명 수의사의 동물 병원만이 좋은 것도 아닙니다. 또 질병에 따라 진료가 불가능한 병원이 있으니 최소 두 군데 이상의 병원은 알아두는 것이 좋습니다.

고양이 병원을 선택할 때 고려해야 할 기준은 무엇일까요? 우리 고양이에게 찰떡궁합인 동물 병원 찾는 방법을 알아봅시다.

✓ 좋은 동물 병원을 고르는 기준

수의사와 고양이의 교감

나와 고양이에게 잘 맞는 동물 병원을 고를 때 가장 중요한 기준은 수의사에 대한 신뢰입니다. 우리 고양이를 믿고 맡길 수 있는지가 가장 중요하지요. 수의사가 고양이 진료 경험이 풍부한지, 질병에 대한 설명을 집사 눈높이에 맞춰 자세하게 해주는지 등 고양이를 케어하는 모습이나 태도를 잘 확인해야 합니다. 인터넷을 참조하거나 주변 추천을 받는 것도 좋지만, 직접 방문해 분위기를 살펴보고 간단한 상담을 받아보는 것도 좋아요.

병원의 진료 정보 확인하기

동물 병원마다 진료 범위부터 검사할 수 있는 항목이 다릅니다. 다니고자 하는 병원의 진료 범위와 입원 가능 유무, 응급 상황이 생겼을 때 갈 수 있는 상위 동물 병원을 미리 알아두는 것이 좋아요.

병원 진료 정보를 체크하세요

- ☐ 동물 병원의 영업시간은 어떻게 되나요?
- ☐ 공휴일 및 심야 응급실 진료가 가능한가요?
- ☐ 고양이 진료실과 입원장이 따로 있나요?
- ☐ 기본 검진 이외에 가능한 진료 및 검사는 무엇인가요?
- ☐ 방문 이외에도 전화나 메신저로 응대해주나요?

집에서의 거리 고려하기

동물 병원을 고를 때 집과의 거리는 매우 중요한 요소입니다. 통원 치료를 해야 할 경우, 이동 시간이 길면 고양이와 집사 모두 스트레스를 받는 것은 물론 체력적으로도 힘들 수 있어요. 고양이의 상태에 따라 긴급하게 처치해야 할 때는 병원의 거리가 고양이의 생명을 좌우할 수도 있다

는 것을 기억하세요. 고양이 동물 병원은 도보든 차로 이동하든 집에서 30분 이내 거리가 가장 이상적입니다.

✓ 동물 병원 방문 전, 준비할 사항

동물 병원을 정했다면, 병원 가기 전 준비할 사항이 있습니다. 실내 생활을 하는 고양이에게 외출은 공격성을 발현하게 할 수 있어요. 고양이를 병원에 데려가기 전 다음의 여섯 가지를 숙지해 주세요.

첫째, 병원에 가기 전 미리 병원에 연락해 고양이의 상태를 전달하세요. 고양이가 병원에서 대기하는 시간을 최소화하는 게 가장 좋아요.

둘째, 고양이를 병원에 데리고 갈 때는 반드시 이동장을 이용하세요. 병원에 도착해 대기할 때도 안전을 위해 이동장 안에 두어야 합니다.

셋째, 이동장은 가능한 한 바깥이 보이지 않도록 집사의 옷이나 평소 사용하는 담요로 가려줍니다. 낯선 풍경과 사람 때문에 놀란 고양이가 긴장할 수 있어요.

넷째, 평소 고양이가 매우 예민하다면 병원에 가기 전 신경 안정 성분이 들어 있는 간식이나 보조제 등을 미리 처방받아 활용하는 것도 좋습니다.

다섯째, 병원에서는 별도의 고양이 대기실에서 기다리고 개와 같은 다른 동물들과 최대한 마주치지 않도록 주의합니다.

여섯째, 병원에 가기 전 미리 발톱을 잘라주세요. 이동장에서 나오지 않으려 발버둥치다 발톱이 부러지거나 검진 중 수의사, 집사가 다칠 수도 있습니다.

병원에 다녀온 고양이가 무기력하다면
고양이가 스트레스를 심하게 받으면, 병원에 다녀온 후 몸을 숨기거나 식욕이 없는 등 우울 증세를 보일 수 있어요. 이럴 경우 굳이 자극하지 않고 가만히 내버려두며 안정시키는 게 좋습니다. 어느 정도 시간이 지나면, 스스로 기분을 풀게 될 거예요.

고양이에게 독이 되는 꽃, 식물이 있어요

살려달라냥….

고양이 집사들의 고민 중 하나가 '집 안에서 화초를 키우기 어렵다'입니다. 고양이 중에는 풀 뜯어 먹는 것을 좋아하는 아이들이 있어요. 그러다 보니 대부분의 집사 집에서는 화초가 살아남기 어렵죠. 그런데 식물 중에는 고양이가 먹었을 때 구토, 설사, 호흡 곤란, 전신 마비, 급성 심부전 같은 심각한 증상을 일으키는 것들이 있어요.

사실 고양이에게 위험한 식물은 무려 400종이 넘기 때문에 하나하나 알아두기는 어려워요. 여기에서는 집 안에서 흔히 키우는 대표 반려식물을 중심으로 위험한 식물과 안전한 식물에 대해 알아보겠습니다.

✔ 고양이는 왜 식물을 뜯어 먹을까?

고양이는 육식동물로 알려져 있는데, 화초를 뜯어 먹는 이유는 무엇일까요? 고대부터 야생 고양잇과 동물들은 새나 쥐를 사냥하면서 사냥감의 위를 통해 자연스레 섬유질을 섭취하고 기타 영양 밸런스를 맞췄다고 해요. 집고양이 역시 집 안 화초에서 이와 같은 영양 밸런스를 맞추는 것이죠. 모두가 알다시피 섬유질은 장내 환경 개선에 탁월한 효과를 발휘합니다.

유독 풀의 식감과 냄새를 좋아하는 고양이도 있어요. 이 경우 식물의 종류와 상관없이 눈에 보이는 족족 먹어 치우기도 해요. 이럴 때는 고양이가 해로운 식물을 섭취하지 못하도록 관리해야 합니다.

냠냠

• 도표 5 고양이에게 영향을 주는 식물

고양이에게 위험한 식물	고양이에게 안전한 식물
· 고무나무	· 개나리
· 국화	· 거베라
· 나팔꽃	· 게발 선인장
· 데이지	· 고수
· 라벤더	· 귀리, 밀싹, 보리싹(캣그라스)
· 몬스테라	· 금잔화
· 백합	· 금황성
· 벤저민	· 대나무
· 붓꽃(아이리스)	· 대나무 야자
· 수국	· 동백
· 수선화	· 라일락
· 아이비	· 레몬밤
· 안스리움	· 로즈메리
· 알로에	· 무궁화
· 은방울꽃	· 바질
· 작약	· 백일홍
· 제라늄	· 소나무
· 철쭉	· 손바닥 선인장
· 진달래	· 에케베리아 엘레강스
· 카네이션	· 재스민
· 튤립	· 접시꽃
· 팬지	· 타임
· 포인세티아	· 테이블 야자
· 홍콩야자(셰플레라)	· 프리지어
· 히아신스	· 해바라기

* 이외 더 많은 식물 정보는 미국동물학대방지협회(The American Society for the Prevention of Cruelty to Animals) 사이트(www.aspca.org)의 <Toxic and Non-Toxic Plant List, Cats>에서 확인하실 수 있어요.

✓ 고양이 식물 중독 증상

고양이에게 위험한 독이 있는 화초는 섭취 정도에 따라 중독 증상이 나타날 수 있어요. 특히 백합과 식물은 꽃잎뿐만 아니라 잎과 뿌리, 심지어 꽃이 꽂힌 화병의 물을 소량 먹는 것만으로도 심각한 중독을 일으켜 사망까지 이를 수 있으니 주의해야 합니다. 만약 고양이가 독성이 있는 식물을 섭취한 뒤 박스 안과 같은 증상을 보인다면 최대한 빨리 진료받도록 합니다.

식물 중독 증상

- 구토와 설사를 한다.
- 소변량이 현저히 감소한다.
- 경련 및 발작을 한다.
- 저체온증을 보인다.
- 호흡이 가쁘고 개구 호흡을 한다.
- 고양이 귀 안쪽, 코, 잇몸 등이 파랗게 변한다.
- 활동량이 현저히 줄어들고 기운이 없다.
- 동공이 풀리고 의식이 없다.

 비마이펫 Tip

섬유질 섭취는 헤어볼 배출에 도움이 됩니다
유독 풀 먹는 것을 좋아하는 고양이에게는 안전한 식물을 준비해주세요. 섬유질 섭취는 헤어볼 배출에 도움이 되기 때문에 캣그라스(밀싹, 보리싹 등)를 놓아두면 좋습니다. 만약 고양이가 먹으면 안 되는 식물을 키워야 한다면, 고양이가 접근할 수 없는 베란다 같은 공간에서 키우세요. 종종 베란다 문을 여는 고양이도 있으니 잘 참가두세요.

고양이는 깨끗한 환경을 좋아해요

용서하소서.

제대로 치우라옹!

고양이는 혼자 두어도 잘 논다는 인식이 있어 개보다 키우기 쉬울 거라 생각하는 사람들이 많아요. 하지만 고양이의 경우 생활환경에 예민하기 때문에 오히려 세세하게 신경 써야 하는 것이 많답니다. 그중 고양이의 기분은 물론 건강으로 직결되는 것이 '청소'입니다. 사소해 보이지만 매우 중요한 집사의 하루 일과죠.

함께 지내다 보면 고양이가 얼마나 깔끔한 동물인지 놀랄 거예요. 예를 들어 고양이는 물에 이물질이 떠 있으면 마시지 않고, 화장실이 더러우면 대소변을 참아요. 이런 행동을 자주 하면 신장 질환, 방광염 등의 비뇨기 질환까지 걸릴 수 있으니 고양이 주변 환경을 늘 청결하게 유지해야 합니다. 자, 이번 챕터에서는 집사의 청소에 주목해보겠습니다. 바쁘다는 핑계로 간과했던 부분이 있는지 점검해보세요.

√ 식기 세척은 하루 2회가 기본!

기본적으로 식기는 먹을 때마다 씻는 것이 좋아요. 특히 여름에는 식기에 남은 사료에 벌레가 생기거나, 세균이 번식하기 쉬우니 반드시 깨끗이 씻은 그릇에 사료를 급여하세요. 만약 자동 급식기를 사용한다면 아침과 저녁에 반드시 그릇을 씻어야 합니다.

물그릇 역시 하루 두 번 이상 깨끗이 세척해 고양이가 늘 신선한 물을 마실 수 있도록 신경 써주세요. 고양이는 본능적으로 물을 잘 마시려고 하지 않기 때문에 매일 적정 음수량(성묘 기준 1kg당 40~50ml)을 마시고 있는지 확인해야 합니다. 더군다나 앞에서 언급했듯 고양이는 이물질이 떠 있거나 냄새가 나는 물은 잘 마시지 않기 때문에 물그릇 관리에 더욱 주의해야 해요. 만약 외출 시간이 길다면 물그릇을 2~3개 정도 준비해두세요.

사료 보관 방법

사료는 봉투째 클립으로 밀봉하고, 뚜껑이 있는 일반 용기에 넣어서 보관하세요(사료 봉투는 사료가 산화되지 않도록 만들어져 있어요). 만약 사료만 용기에 옮겨 담고 싶다면 플라스틱 통이나 일반 비닐이 아닌, 완전 밀폐 형태의 유리 용기를 사용합니다.

√ 고양이 화장실 청소는 하루 2회 이상

고양이에게 화장실이 중요하다는 것은 아무리 강조해도 지나치지 않아요. 고양이에게 잘 맞는 화장실과 모래를 고르는 것도 중요하지만 화장실을 깨끗하게 관리하는 것도 매우 중요합니다(고양이 화장실과 모래에 대해서는 다음 챕터에서 설명하겠습니다). 사람도 화장실이 더러우면 스트레스를 받듯 고양이 역시 화장실이 깨끗하지 않으면 배변 실수로 이어질 가능성이 큽니다. 고양이가 화장실에 가기 싫어 배변을 참게 되고, 이 때문에 배변 실수까지 하는 불상사가 생기는 것이죠. 이런 일들이 반복되면 고양이의 스트레스가 커지는 것은 물론, 내과 질환으로 이어질 수 있어요.

적어도 하루에 2회 이상 화장실에 있는 배설물을 치워주세요. 화장실 모래의 전체 갈이는 화장실 크기와 모래의 종류, 상태에 따라 달라져요. 벤토나이트 모래를 기준으로 평균 3~4주에 한 번씩 전체 갈이를 하고, 이때 화장실 본체도 함께 세척해주는 것이 좋습니다. 모래에서 먼지가 많이 나고, 부스러기가 생기며, 냄새가 심하다면 전체 갈이를 해야 합니다. 특히 고양이 화장실 주변 바닥에는 늘 모래가 튀어 있는 일명 '사막화' 현상이 빈번하지요. 이때는 화장실 근처에 매트를 깔아두면 청소하기 쉽고 주변을 깨끗이 관리할 수 있습니다.

화장실 개수는 고양이 마리 수보다 1~2개 많은 것이 좋으며, 집사의 외출 시간에 따라 조절하세요.

화장실 냄새 제거하는 법

만약 고양이가 서서 소변을 누거나, 화장실 벽에 누는 것을 좋아한다면 화장실 본체를 살균 소독제로 자주 닦아주세요. 근본적인 해결 방법은 화장실을 자주 청소하는 것입니다.

√ 털과의 전쟁, 바닥 청소

고양이를 키우는 사람은 옷과 가방만 봐도 알 수 있을 정도로 고양이 털이 어마어마하게 많이 빠집니다. 털이 너무 많이 빠진다면 매일 고양이에게 빗질을 해주세요. 빗질을 하면 자연스럽게 죽은 털들이 빠져나와 털이 덜 빠져요.

요즘에는 바닥 청소에 물걸레 청소포를 많이 사용하는데, 물

걸레 청소포에는 세제 성분이 함유되어 있기 때문에 고양이에게

좋지 않을 수 있어요. 고양이는 그루밍을

하므로 청소 후 세제 성분을 섭취할 위

험이 있으니 걸레나 키친타월에 물을 묻

혀 닦는 것을 추천해요.

 비마이펫 Tip

고양이에게 안전한 살균 소독제 만드는 법
- 암모니아 냄새를 없애고 싶을 때: 구연산 2스푼 + 미지근한 물 250ml
- 배설물을 닦아낼 때: 베이킹소다 2스푼 + 미지근한 물 250ml

고양이는 화장실 때문에 병에 걸릴 수 있어요

이번에는 고양이 화장실에 주목해보겠습니다. 앞에서 언급했듯 별도의 훈련 없이도 대소변을 가릴 정도로 깔끔한 고양이에게 배변 활동은 가장 본능적이고 기본적인 활동이에요. 특히 고양이는 마음에 들지 않는 화장실이나 화장실 모래를 사용할 경우 대소변을 참으려고 하기 때문에 스트레스는 물론 질병으로 이어지게 됩니다. 그러므로 각별한 주의가 필요해요. 그럼 고양이가 좋아하는 화장실과 화장실 모래에 대해 알아볼까요?

✓ 고양이 화장실 종류별 장단점

고양이 화장실 종류는 매우 다양해요. 그런데 이 중에는 고양이의 본능보다 사람의 편의를 위해 만든 제품도 많기 때문에 선택할 때 신중해야 해요.

평판형 화장실

일반적으로 고양이들이 가장 좋아하는 화장실 형태예요. 사방이 뚫려 있기 때문에 배변하면서 주위를 살피는 것이 가능해 고양이들이 안정감을 느낍니다. 또 통풍이 잘되기 때문에 배변 냄새가 잘 빠져나갑니다. 다만 화장실이 너무 밝고 사람들이 자주 돌아다니는 공간에 있다면 뚜껑이 달리거나 벽면이 높은 구조의 화장실이 더 좋을 수 있어요.

평판형 화장실의 가장 큰 단점은 모래가 주변으로 튀기 쉬워 사막화에 취약하다는 점입니다. 아무래도 뚜껑이 없다 보니 고양이가 뛰어나가면서 모래도 여기저기로 함께 튈 수 있기 때문이죠.

후드형 화장실

후드형 화장실은 평판형에 뚜껑을 추가한 화장실이에요. 고양이마다 성격이 달라서 후드형 화장실에서 안정감을 느끼는 아이들도 있어요. 만약 화장실이 현관이나 복도 등 사람이 자주 드나드는 곳에 있다면 후드형 화장실이 대안이 될 수 있습니다.

하지만 후드형 화장실을 고를 때 주의해야 할 점이 있어요. 반드시 입구가 정면에 위치한 구조를 선택해야 한다는 것입니다. 사막화를 방지하기 위해 위로 입구가 나 있는 화장실의 경우 고양이에게 불편할 수 있으니 추천하지 않아요. 이글루 형태의 입구가 좁은 화장실이나 문이 달린 화장실 역시 고양이가 편하게 사용할 수 있는 구조는 아닙니다.

시스템 화장실

시스템 화장실은 2단으로 나뉘어 있어요. 2층에는 우드 펠릿 형태의 모래를 깔고, 1층에는 배변 패드를 까는 형태입니다. 우드 펠릿 형태의 모래는 먼지 날림이 없고 사막화 현상도 방지할 수 있어요. 우드 펠릿이 잡아주지 못한 냄새와 소변은 1층의 배변

패드가 잡아줍니다. 하지만 시스템 화장실의 구조는 배변 후 자신의 배설물을 파묻는 고양이의 본능을 전혀 충족시킬 수 없어요. 또 우드 펠릿 형태의

모래는 특성상 알맹이가 너무 커 고양이의 발바닥에 자극을 줄 수도 있어요.

물론 오랫동안 시스템 화장실을 사용한 고양이는 어느 정도 적응할 수 있지만, 일반 평판형 화장실과 함께 설치한다면 시스템 화장실은 거의 사용하지 않을 거예요.

자동 화장실

자동 화장실은 배변이 끝나면 자동으로 배설물을 걸러줘요. 하지만 이 화장실은 사실 고양이에게 적합하지 않습니다.

고양이에게 필요한 화장실 공간은 몸집의 최소 1.5배 정도이며, 넓을수록 좋아요. 하지만 자동 화장실의 특성상 내부가 좁고, 대부분 모래가 너무 얕게 깔려 있다 보니 고양이가 배변한 후 모래로 배설물을 파묻기 어려워요.

만약 외출 시간이 길어 자동 화장실을 사용하고 싶다면 일반 평판형 화장실과 함께 사용하는 것을 권장해요.

✔ 고양이 화장실 모래 장단점

화장실 모래 역시 다양한 제품이 있어요. 각 소재의 장단점을 파악하고 선택하세요. 만약 선택하기 어렵다면 화장실에 각각의 모래를 부어두고 고양이가 어떤 모래를 깐 화장실에 더 자주 가는지 살펴보세요.

벤토나이트 모래

고양이가 가장 좋아한다고 알려진 벤토나이트 모래는 자연에서 볼 수 있는 모래와 가장 비슷한 재질입니다. 입자 크기가 모래와 비슷해 발바닥에 자극을 덜 주고 배설물을 파묻기 좋아요. 또 응고력이 좋고 부스러기가 잘 생기지 않아 청소하기도 쉽습니다.

하지만 벤토나이트 모래는 먼지가 잘 생기고 사막화를 피하기 어려운 것이 단점이에요. 특히 모래 먼지가 고양이에게 결막염이나 기관지염을 유발할 수 있어요. 따라서 천식이나 비염이 있는 고양이라면 사용 전 테스트해보는 것을 추천해요.

카사바 모래

카사바 모래는 카사바나무에서 채취한 뿌리 작물과 옥수수를 융합해 만든 것으로 100% 천연 모래예요. 천연 소재이므로 고양이가 실수로 섭취해도 안전합니다. 만약 고양이가 화장실 모래를 먹는 습관이 있다면 카사바 모래를 사용하는 것을 추천해요. 또 카사바 모래는 응고력이 뛰어나고 먼지가 거의 생기지 않으며, 전체 갈이 주기도 길어서 가성비가 좋아요(벤토나이트 모래가 2~4주에 한 번씩 전체 갈이를 해야 한다면 카사바 모래는 약 3개월 이상 사용 가능). 대부분 흰색 또는 아이보리 색상으로 고양이 소변 색깔을 바로 확인할 수 있어 하부 요로계 질환을 겪는 고양이에게 더욱 적합합니다.

하지만 입자가 매우 작아 사막화가 심하고, 탈취력이 거의 없어 배변 후 냄새가 날 수 있어요.

두부 모래

두부 모래는 두부 찌꺼기로 만든 펠릿 모양의 모래입니다. 벤토나이트나 카사바 모래에 비해 사막화가 적어 많은 집사들에게 사랑받고 있어요. 물에 잘 녹기 때문에 고양이의 배설물을 변기에 바로 버릴 수 있다는 것도 큰 장점입니다.

하지만 자연의 모래와 감촉이 전혀 달라 고양이들이 별로 선호하지 않아요. 또 응고력이 약하고 부스러기가 잘 생기기 때문에 청소 주기가 짧습니다. 습기가 많은 여름에는 벌레가 꼬이거나 악취가 날 수 있으니 전체 갈이를 자주 해주는 것이 좋아요.

✓ 고양이의 화장실 만족도를 체크하자!

화장실을 이용하는 고양이의 자세, 배변 횟수, 배설물의 양을 살펴보면 화장실 만족도를 알 수 있어요. 화장실이 마음에 들면 모래를 갈아줬을 때 바로 들어와 배변을 하기도 합니다. 그런데 화장실이나 모래가 마음에 들지 않으면 배설물을 덮지 않고 바로 뛰어나오거나, 배설할 때도 불편한 자세를 취할 수 있어요. 또 화장실 모래가 아닌 다른 장소를 파헤치거나 화장실이 아닌 곳에 배뇨를 하는 소변 실수, 배설 후 벽을 긁는 행동을 할 수 있죠.

CHECK 고양이가 화장실이 아닌 곳에 소변을 눈다면?

☐ 고함을 치거나 화를 내면 안 돼요. 고양이가 소변 자체를 참아 방광염에 걸릴 수 있어요.

☐ 냄새가 남지 않도록 확실히 청소하세요. 냄새 때문에 같은 곳에 계속해서 소변을 눌 수 있어요.

☐ 화장실 개수를 늘리거나 크기가 큰 다른 쟁반형 화장실로 바꿔보는 것도 좋아요.

☐ 고양이가 자주 소변 실수를 하는 곳 주변으로 화장실의 위치를 바꾸거나 개

수를 늘려보세요.

☐ 화장실 모래 갈이를 자주 하고, 고양이가 좋아하는 모래를 사용하세요.

☐ 인내심을 가져야 해요. 배변 실수가 개선되기까지 며칠에서 몇 달이 걸리기

도 해요.

화장실 모래는 고양이 취향에 따라 선택하세요
앞에서 다양한 화장실 모래를 설명했지만, 일반적으로 고양이는 자연에서 볼 수 있
는 모래와 비슷한 카사바와 벤토나이트 모래를 좋아합니다. 하지만 각자의 취향이
다르므로, 고양이가 선호하는 모래를 선택하면 됩니다.

고양이에게는 모기 퇴치가 꼭 필요해요

위잉~

모기!?
내가 잡아주겠다옹!

'모기가 고양이도 무나요?'라는 질문을 많이 받습니다. 산책을 하는 개보다는 덜하겠지만 고양이 역시 여름철 모기의 습격에서 벗어날 수는 없지요. 특히 털이 적은 귀 끝이나 얼굴, 발바닥을 물리기 쉬워요. 고양이를 키울 때 반드시 기억해야 할 것이 바로 '모기 퇴치'예요. 모기를 통해 감염될 수 있는 '심장사상충' 때문입니다.

고양이의 경우 심장사상충에 감염되면 증상이 없어 감염 사실을 알기 어렵고, 한번 걸리면 예후도 좋지 않은 편입니다. 설상가

상으로 고양이용 심장사상충 치료제는 아직 없습니다. 따라서 모기에 물리지 않도록 주변 환경에 신경 써야 해요.

✓ 고양이 심장사상충이 위험한 이유

심장사상충이란 모기를 매개체로 숙주에게 질병을 일으키는 기생충이에요. 심장사상충에 감염된 모기가 개나 고양이를 물어 전염시키죠. 문제는 고양이에게 심장사상충이 아주 치명적이란 점입니다. 급성 감염인 경우 호흡곤란과 같은 심한 호흡기 증상이 나타나고, 급사할 가능성도 있어요. 만성 감염이라면 기침이나 재채기와 같은 가벼운 호흡기 증상, 체중 감소, 구토, 활력 저하 등의 증상이 나타나죠.

특히 고양이는 개에 비해 심장사상충 감염 여부를 진단하기 어렵고 승인된 치료제가 없어 치료하기도 어려워요. 보이는 증상만 치료하면서 심장사상충이 체내에서 죽을 때까지 관리해주는 수밖에 없습니다. 그러니 예방이 아주 중요하겠죠.

그러나 모기에 물린다고 무조건 심장사상충에 걸리지는 않습니다. 심장사상충에 감염되지 않은 모기가 고양이를 물 수도 있으니까요. 우선 고양이 역시 사람처럼 모기에 물리면 가려워하고 심하면 알레르기 반응으로 발진이 일어날 수 있어요. 이 경우 대부분 자연적으로 증상이 완화되지만, 특정 부위를 과도하게 그루밍하거나 긁는다면 병원에서 진료를 받는 것이 좋습니다.

✔ 고양이 모기 물림 대처법

고양이 심장사상충은 사실상 치료가 거의 불가능하기 때문에 모기 퇴치와 예방이 최선의 방법이에요. 보통 바르는 심장사상충 예방약을 이용하거나, 모기를 퇴치하기 위한 집 안 환경을 만듭니다. 다음의 모기 퇴치 용품들을 활용해보세요.

모기향, 살충제는 안 돼요!

모기향은 고양이가 직접 연기를 맡게 되면 건강에 매우 좋지 않은 영향을 줘요. 또 태우고 남은 재를 섭취할 수 있어 위험해요. 또 고양이가 모기향을 엎지를 경우 화재가 발생할 위험도 있으니 사용하지 않는 것이 좋아요.

에어졸 형태의 모기 퇴치 스프레이 역시 살충제 성분이 바닥이나 커튼에 남아 고양이가 섭취할 수 있어 위험해요. 꼭 뿌려야 한다면, 고양이가 없는 곳에서 사용하고 바닥 청소와 환기에 신경 써야 합니다.

전기 모기 퇴치기

전기 모기 퇴치기는 모기나 해충이 좋아하는 특정 자외선 파장으로 유인한 후 고압 전류로 모기를 잡아줘요. 그런 만큼 인공적인 성분에 노출될 걱정이 없지만, 어두운 환경에서 효과가 좋기 때문에 낮에는 성능이 떨어질 수 있어요. 또 고압 전류로 인한 소음으로 고양이가 놀랄 수 있습니다.

훈증기

훈증기 형태의 모기 퇴치제 역시 고양이가 직접적으로 섭취하는 것이 아니기 때문에 비교적 안전해요. 다만 고양이가 냄새를 맡을 수 있는 밀폐된 곳에는 설치해선 안 됩니다. 반드시 환기가 잘되는 방에서 사용하고, 고양이가 건드리지 못할 만한 곳에서만 사용합시다.

계피 스틱

모기는 계피 냄새를 싫어해요. 계피 스틱을 창문 주변에 걸어놓거나 계피 스프레이를 뿌려두면 모기 퇴치에 유용해요. 천연

퇴치제이기 때문에 성분도 안전합니다. 다만, 계피 농축액에 과
민 반응을 보이는 고양이도 있다고 하니 주의하세요.

비마이펫 Tip

고양이와 모기, 최대한 피해주세요
한편으로 다행인 것은 고양이는 개보다 심장사상충 감염 가능성이 낮다고 해요. 감
염되더라도 유충이 체내에서 성장해 문제를 일으킬 가능성이 적다고 합니다. 하지만
그렇다고 해서 고양이가 심장사상충에서 안전한 것은 아닙니다.

고양이에게 스크래처가 없으면 안 돼요

'가슴으로 낳아 지갑으로 키운다.' 고양이 집사들 사이에서 유명한 명언입니다. 그만큼 고양이와 함께 생활하다 보면 '이렇게 필요한 게 많다고?' 하는 생각이 들 정도로 다양한 용품을 구입해야 해요. 그중 식기, 화장실 같은 필수 생활용품 외에 가장 중요한 용품이 바로 스크래처입니다. 실제로 수많은 집사들이 캣타워보다 스크래처가 더 중요하다는 이야기에 많이 공감할 만큼 스크래칭은 고양이 스트레스 해소와 본능을 충족시켜주는 행동입니다.

✓ 고양이에게 스크래처가 중요한 이유

스크래처의 기본 기능은 발톱 손질입니다. 발을 손처럼 사용하는 고양이에게 발톱은 매우 중요한 부위예요. 높은 곳에 오르내리거나 몸을 지탱하기도 하고, 위험한 상황에서는 훌륭한 무기가 될 수 있어요. 고양이의 발톱은 여러 겹으로 이루어져 있어 시간이 지나면 안쪽의 새 발톱이 밀고 올라와요. 이때 바깥쪽의 죽은 발톱을 벗겨내기 위해 거친 표면에 발톱을 가는 스크래칭이 필요합니다.

손질 중이라옹

고양이 발톱을 깎아주지 않으면 스크래칭을 자주 할 수 있어요. 사실 집고양이는 대부분 매끄러운 바닥에서 생활하기 때문에 스크래처만으로는 죽은 발톱을 제거하기 어려워요. 발톱을 방치할 경우 발톱이 걸리거나 부러질 수 있으니 관리해주어야 합니다. 특히 뒷발은 스크래칭만으로 관리하기 어렵기 때문에 주기적으로 발톱을 깎아줘야 해요.

여기는 내 거라옹

고양이의 발바닥에는 땀과 호르몬을 분비하는 분비샘이 있어요. 스크래칭을 할 때 분비샘이 자극되어 벽이나 가구 등에 분비물을 묻혀 영역을 표시할 수 있게 하는 것이죠. 유독 새로 산 가구나 벽지, 집사가 자주 앉아 있는 소파에 스크래칭을 많이 하는 이유입니다. 수컷의 경우 영역 본능이 특히 강하기 때문에 낯선 사람이 방문하거나, 새로운 환경 때문에 스트레스를 받을 때 스크래칭이 심해질 수 있어요.

기분이 좋다옹

고양이는 흥분하거나 기분이 좋을 때도 스크래칭을 해요. 밥을 맛있게 먹고 배부른 상태일 때, 화장실에서 시원하게 배변을 마쳤을 때, 집사가 집에 돌아왔을 때 등 만족과 기쁨을 느끼는 순간 스크래칭을 한답니다. 종종 외출 후 집에 돌아왔을 때 고양이가 집사의 다리에 스크래칭을 하기도 하는데, 이 역시 반가움의 표현이라고 할 수 있어요.

잠깐 진정하라옹

스크래칭은 고양이의 대표적인 카밍 시그널 중 하나입니다. 집사가 혼내거나 갑자기 큰 소음이 들려 마음이 불안할 때 스스로를 진정시키기 위한 행동이랍니다.

✓ 스크래처는 집 안 곳곳에 설치해주세요

이처럼 스크래칭은 고양이의 삶에 아주 중요한 역할을 합니다. 그래서 집 안 곳곳에 다양한 형태의 스크래처를 놔두는 것이 좋아요. 그럼 어떤 장소에 어떤 종류의 스크래처가 잘 맞는지 알아볼까요? 스크래처는 용도에 따라 다양한 형태와 소재로 나와 있으며 2개 이상의 스크래처를 설치하는 것이 가장 이상적입니다.

침실에는 박스형이 좋다

고양이가 잠을 자고 쉬는 침실에는 사방이 막혀 있는 박스형 스크래처가 좋아요. 박스형 스크래처는 종이 가루가 박스 바깥으로 잘 나오지 않아 먼지가 적습니다.

거실, 창가에는 소파형이 좋다

주로 놀이를 하거나 창밖을 구경하며 휴식을 취하는 거실에는 소파형이 좋아요. 고양이 몸체에 잘 맞는 곡선 형태로 고양이가 편하게 쉴 수 있고, 앉아서 창밖을 구경하거나 집사를 관찰하기에도 좋습니다.

현관, 가구 옆에는 스탠드형이 좋다

고양이가 벽이나 소파 같은 가구에 스크래칭을 많이 한다면 그 장소에 스탠드형 스크래처를 설치해주세요. 커튼을 타고 올라가려는 아이들에게도 도움이 됩니다. 또 집에 돌아온 집사를 반겨줄 때도 스크래칭을 하며 기쁨을 마음껏 표현할 수 있어요.

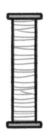

 비마이펫 Tip

스크래칭은 스트레칭이 되기도 합니다
고양이가 몸을 풀기 위해 스크래칭을 하는 경우 기지개를 켜듯 앞발을 쭉 뻗고 스크래칭을 해요. 앞발을 쭉 뻗고 스크래칭을 하면, 고양이의 뭉친 어깨와 등 근육이 풀리는 효과가 있다고 합니다.

고양이는 항상 다른 장소에서 잠을 자요. 어떨 때는 창가에서, 어떨 때는 높은 캣타워 위에서 잡니다. 정해진 장소가 아닌 그때그때 마음에 드는 장소에서 잠을 자곤 하죠. 이렇게 고양이가 잠자리를 바꾸는 이유는 무엇일까요?

✦ 고양이가 잠자리 위치를 바꾸는 이유

고양이가 잠자리 위치를 바꾸는 이유는 다양합니다. 고양이의 주변 환경, 기분, 컨디션 등에 따라 달라지는데, 크게 세 가지 이유로 나눌 수 있어요.

- 계절의 온도 변화로 체온 조절이 필요해서
- 안전한 장소에서 자고 싶어서
- 신뢰하는 사람 곁에 있고 싶어서

✦ 잠자리별 고양이의 마음 알아보기

창가에서 자고 있을 때

고양이는 따뜻한 장소를 좋아해요. 고양이가 햇빛이 들어오는 창가에서 자고 있다면, 따뜻한 햇빛을 즐기고 있다는 의미일 거예요. 동시에 창가는 밖을 구경할 수 있기 때문에 고양이에게는 재미를 주는 장소이기도 합니다. 창문 근처에 고양이가 편히 쉴 수 있도록 캣타워나 해먹 침대를 설치해주면 좋습니다.

차가운 현관, 화장실 타일에서 잘 때

종종 고양이가 차가운 현관이나 화장실 바닥에서 자는 모습을 볼 수 있습니다. 보통 여름에 볼 수 있는 행동으로 고양이는 더우면 차가운 장소에 누워 체온을 조절합니다. 고양이가 이런 장소에서 잔다면, 집 안 온도를 조금 더 낮춰주세요.

높은 곳에서 잘 때

고양이가 높은 곳에서 자는 이유는 두 가지예요. 첫째, 실내 온도가 너무 낮아서 춥다고 느낄 때입니다. 따뜻한 공기는 위로 올라가므로 높은 곳에서 자려고 할 수 있습니다.

둘째, 집에 손님이 와서 시끄럽거나 불안한 상황이라고 느낄 때입니다. 고양이는 높은 곳을 안전하다고 느끼기 때문에, 안심할 수 없는 상황일 때는 높은 곳에 머무를 때가 많아요.

집사와 함께 잘 때

고양이는 성묘가 되면 대부분 혼자 자려고 합니다. 그런데 성묘가 되어서도 집사와 같이 자려고 하는 고양이들이 있어요. 이런 고양이들은 집사에게 강한 신뢰감을 가지고 있다고 보면 됩니다. 더 자세한 내용은 다음에 나오는 파트 5의 '사랑받는 집사를 위한 고양이 마음 안내서'에서 확인할 수 있어요.

PART 5

사랑받는 집사를 위한
고양이 마음 안내서

고양이는 몸으로 집사에게 말을 해요

뭐라고 하는 걸까?

야옹, 야옹!

고양이와 대화를 나눌 수 있으면 얼마나 좋을까요? 많은 집사의 염원 덕분인지 한때 고양이 번역기 앱이 화제가 되기도 했지요. 하지만 고양이 번역기보다 고양이의 마음을 더 잘 알 수 있는 방법이 있어요. 바로 '보디랭귀지'입니다.

앞에서도 집사가 주목해야 할 고양이의 행동에 관해 언급한 바 있지요? 이번 챕터는 고양이 보디랭귀지 종합편으로 읽어주세요. 고양이 보디랭귀지의 핵심은 고양이의 자세와 꼬리, 귀에 있습니다.

✓ 고양이는 몸으로 말한다

언뜻 보면 표정이 없는 듯 느껴지는 고양이. 하지만 알고 보면 눈, 귀, 꼬리의 움직임이나 울음소리 등 다양한 방법으로 우리에게 말을 걸곤 합니다. 처음에는 고양이의 보디랭귀지를 파악하기 어려울 수 있지만 조금만 자세히 관찰한다면 금세 고양이의 기분과 상태를 알 수 있을 거예요.

✓ 고양이 자세 관찰하기

몸을 낮게 웅크리기

두려움, 경계심 같은 긴장 상태를 의미해요. 갑자기 낯선 사람과 마주하거나 위험한 상황이라고 여겨질 때 이런 자세로 몸을 숨기려 하죠. 무섭고 불편하다는 뜻이니 다가가지 말고 어느 정도 거리를 둔 채 안정될 때까지 기다려줘야 합니다.

발바닥을 땅에 딛고 앉아 있기

언제든지 도망갈 수 있는 상태를 의미해요. 네발이 전부 보이는 상태에서 몸을 아래로 숙인 채 살짝만 앉아 있는 자세이기 때문에 위험을 느끼면 스프링처럼 튀어 올라와 더 빠르게 도망갈 수 있어요.

몸과 머리를 집사 쪽으로 두고 쳐다보기

고양이의 관심과 호기심을 의미해요. 여기서 경계심을 느끼지 않는다면 서서히 다가와 냄새를 맡을 수 있어요. 적이 아니라는 것을 인지하고 어느 정도 안심한 단계입니다.

배를 보이고 뒹굴거리기

고양이가 배를 내밀고 무방비 상태로 드러눕는 자세나, 앞발을 전부 몸 아래로 집어넣는 식빵 자세는 곧바로 다음 동작을 이어나가기 어려운 자세입니다. 그만큼 상대방을 신뢰한다는 의미이며 마음이 편안하고 안정된 공간에서 보여주는 자세입니다.

√ 고양이의 꼬리 관찰하기

일자로 높이 세운 꼬리

고양이가 일자로 꼬리를 세운 채 위로 쳐들고 있다면 자신감과 만족감을 나타내요. 기분이 좋고 겁먹거나 긴장하지 않았다는 의미입니다. 여기서 끝부분을 살짝

흔든다면 상대와 교감할 준비가 되어 있음을 보여줍니다.

낮게 내린 꼬리

고양이가 꼬리를 낮게 내리고 있다면 경계와 공격을 의미하니 주의하세요. 사람으로 치면 정색한 상태와 비슷하죠. 기분이 좋지 않거나 불만이 있는 상태, 상대에게 경계심이 높은 상태임을 의미합니다. 이때 꼬리를 다리 사이로 숨긴다면 긴장감과 두려움을 느낀다는 것을 나타내요. 이럴 때는 고양이가 무서워하는 요인을 파악해 처리해주세요.

펑! 하고 부푼 꼬리

고양이의 꼬리가 너구리 꼬리처럼 부풀어 있다면 매우 놀랐다는 것을 의미해요. 고양이는 위험을 느낄 때 자신의 몸을 최대한 크게 만들어 싸울 준비를 하는데, 이때 꼬리 모양도 부풀리는 것이죠. 새끼 고양이에게 자주 볼 수 있으며 성묘가 되면 이런 행동은 거의 하지 않습니다. 하지만 성묘가 된 후에도 종종 사냥 놀이를 할 때 이런 모습을 보이기도 하는데, 이는 불안이나 공포보다는 호기심과 사냥 본능으로 느끼는 흥분 때문이라고 할 수 있습니다.

"휙휙, 탁탁!" 빠르게 움직이는 꼬리

고양이의 꼬리가 빠르고 강하게 움직이거나 바닥을 탁탁! 치는 행동은 불편하다는 신호이거나 경고를 보내는 의미입니다. 특히 집사가 스킨십을 하고 있을 때 꼬리를 강하게 움직인다면 이제 그만하라는 뜻이에요.

살랑살랑 움직이는 꼬리

고양이가 꼬리를 흔든다고 해서 모두 부정적인 의미는 아니에요. 고양이는 특정 물체에 집중할 때 양옆으로 꼬리를 살랑살랑 움직이기도 합니다. 좋아하는 장난감을 가지고 놀 때, 공중에서 먼지나 작은 벌레를 발견했을 때 이런 움직임을 보이기도 해요.

√ 고양이의 귀 관찰하기

꼿꼿하거나 앞으로 기울어진 귀

귀가 앞쪽으로 기울어져 있거나 꼿꼿하게 서 있다면 자신감, 편안함, 만족 등 긍정적인 감정을 의미해요. 또 쫑긋 세운 귀는 호기심과 흥미를 나타내기도 합니다. 이때 수염도 위를 향해 솟아 있거나 활짝 펴진 경우가 많아요.

납작하거나 뒤로 젖힌 귀

반면 뒤로 젖힌 귀는 불만, 분노, 경계, 두려움 같은 부정적인 감정을 의미해요. 특히 천둥번개가 치거나 갑자기 큰 소음이 들

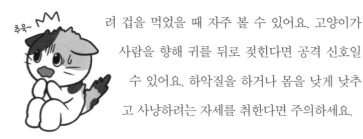

려 겁을 먹었을 때 자주 볼 수 있어요. 고양이가 사람을 향해 귀를 뒤로 젖힌다면 공격 신호일 수 있어요. 하악질을 하거나 몸을 낮게 낮추고 사냥하려는 자세를 취한다면 주의하세요.

 비마이펫 Tip

고양이는 집사와 끊임없이 소통하고 싶어 해요

고양이는 감정 표현을 잘 안 한다고 생각할 수 있지만, 그렇지 않아요. 표정 변화와 꼬리, 귀의 움직임, 울음소리 등으로 마음을 표현한답니다. 평소 고양이의 행동을 잘 관찰하면서 고양이 마음을 찰떡같이 알아차리는 최고의 집사가 되어봅시다!

고양이가 살살 녹는 스킨십 비결

고양이는 아무리 집사라 하더라도 스킨십을 피할 때가 많아요. 이 때문에 고양이는 스킨십을 싫어한다는 이미지가 강하죠. 하지만 고양이와 집사의 스킨십은 신뢰와 유대감을 높여주고, 고양이의 건강도 체크할 수 있는 중요한 행위예요.

고양이의 행복과 건강을 지키기 위해 고양이가 좋아하는 스킨십의 비결과 데일리 마사지 방법도 알아봅시다.

✓ 고양이가 좋아하는 스킨십

고양이의 성격에 따라 경계심 정도가 다를 수 있지만, 처음 만난 사이라면 무작정 쓰다듬기보다는 시간을 두고 고양이가 먼저 다가올 수 있도록 하세요. 아무리 고양이가 좋아하는 스킨십이라 할지라도 기본적인 신뢰가 없다면 어려울 수 있어요.

부드럽게 쓰다듬는다

가장 기본적인 스킨십으로, 털이 난 방향을 따라 등 전체를 손바닥으로 부드럽게 쓰다듬어주세요. 등에는 혈 자리가 많기 때문에 자주 쓸어주는 것만으로도 마사지가 되니 고양이가 누워 있거나 휴식을 취하고 있을 때 가볍게 만져줍시다.

턱 주변을 긁어준다

턱 부근을 부드럽게 만져주거나 손끝으로 긁어주는 것은 고양이가 가장 좋아하는 스킨십입니다. 눈을 감거나 그릉그릉 진동소리를 낸다면 매우 편안하다는 의미예요.

귀를 문질러준다

고양이의 귀에는 혈 자리가 많이 모여 있습니다. 귀 끝을 부드럽게 잡거나 주물러주는 것만으로도 가벼운 마사지가 됩니다. 이때 너무 강하게 당기지 말고 엄지와 검지로 귀를 살짝 잡고 조물조물 만져주세요. 고양이의 표정을 살피며 강도를 조절합니다.

꼬리뼈 부근을 두드려준다

흔히 '궁디팡팡'이라고 불리는 스킨십 방법이에요. 꼬리와 등이 이어지는 엉치뼈 부분은 신경이 밀집된 부위이기 때문에 고양이는 이 부근을 가볍게 두드리거나 긁어주는 것을 매우 좋아해요. 단, 너무 강하게 두드릴 경우 고양이가 흥분해 공격할 수 있으니 톡톡 토닥이는 정도로 두드려주는 것이 좋아요. 등 전체를 쓰다듬은 다음 꼬리 부근을 살짝 두드려주면 고양이가 엉덩이를 치켜올릴 거예요.

스킨십은 타이밍이 중요!

고양이가 밥을 먹고 있거나 그루밍, 놀이 활동에 집중할 때는 스킨십을 자제하는 것이 좋아요. 고양이 입장에서는 자신의 행동을 제약한다고 생각해 스트레스가 될 수 있어요. 고양이가 편안하게 누워 휴식을 취하고 있을 때, 애교를 부리며 몸을 비빌 때가 스킨십할 기회입니다.

고양이를 위한 얼굴 마사지법도 있습니다. 고양이 얼굴에는 신경계를 관장하는 혈 자리가 많이 모여 있어요. 얼굴 주변을 자주 마사지해주면 고양이의 스트레스를 풀어주고 안정에도 도움이 됩니다. 여기에 집사까지 행복해지는 건 덤이겠죠! 그럼 고양이 마사지법을 알아볼까요?

CHECK 고양이 얼굴 마사지 방법

1. 엄지와 검지로 미간을 털 결을 따라 문질러준다.

2. 미간 바로 위에서부터 뒤통수까지 손바닥으로 부드럽게 쓸어준다.

3. 엄지로 눈 위아래 주변을 안에서 바깥쪽으로 가볍게 지압하며 쓸어준다.

4. 입 바로 아래 주변부터 가슴까지 밑으로 쓸어내리듯 엄지로 문질러준다.

5. 볼살을 살짝 잡고 바깥쪽으로 당겼다가 다시 모아준다.

✓ 스킨십으로 고양이의 건강 체크하기

고양이와의 스킨십은 건강 상태를 파악하는 데도 매우 중요한 역할을 해요.

얼굴 주변을 스킨십할 때

① **머리** 피부염으로 인한 반점이나 털이 빠진 곳, 혹, 상처 등이 없는지 확인해요. 다묘 가정일 경우 고양이끼리 장난치거나 싸우면서 상처가 날 수 있어요. 특히 얼굴 주변은 피부가 약하기 때문에 주의 깊게 살펴봅시다.

② **귀** 진드기 또는 귀지가 없는지 확인해요. 귀지가 너무 많다면 귀 세정액과 솜으로 주기적으로 닦아주세요. 귀 안이 빨갛거나 귀를 너무 자주 긁어 상처가 났다면 질병일 수 있으니 병원 진료가 필요해요.

③ **눈** 눈물 자국이나 눈곱이 생기진 않았는지 확인해요. 눈곱을 닦아줄 때는 미지근한 물을 적신 티슈로 가볍게 닦아줍니다. 고양이의 각막이 뿌옇거나 빨갛다면 각막에 상처가 났거나 각막염일 수 있으니 병원을 방문하세요.

④ **코와 입** 건강한 고양이의 코는 촉촉하고 살짝 차가워요. 만약 건조하거나 뜨겁다면 탈수, 발열을 의심할 수 있어요. 또 고양이가 침을 흘리거나 입 냄새가 갑자기 심해졌다면 구강 질환이 생겼을 수 있어요. 잇몸은 옅은 핑크색이 정상이며 치아 주변이 너무 붉거나 핏기가 없다면 병원 진료가 필요해요.

몸통을 스킨십할 때

① **허리와 몸** 허리와 몸통을 쓰다듬으며 고양이의 비만 정도를 확인할 수 있어요. 고양이를 위에서 쓰다듬었을 때 척추와 늑골이 만져지지 않는다면 비만일 확률이 높습니다. 비만 외에 갑작스럽게 살이 빠지는 것도 위험해요. 등 쪽 피부를 잡았을 때 원래 상태로 돌아가는 속도가 느리다면 탈수 가능성이 있습니다.

② **배** 배를 만졌을 때 덩어리 같은 혹이 느껴지지 않는지, 털이 빠지거나 뭉친 부위는 없는지 확인해요. 평소보다 유난히 배 만지는 것을 싫어한다면 통증을 느낀다는 의미일 수 있으니 주의하세요. 배는 고양이의 최대 약점이기 때문에 스킨십을 불편해하는 고양이가 많으니 억지로 만지지 않도록 합시다.

다리를 스킨십할 때

① **앞·뒷다리** 다리 근육이 풀어지도록 가볍게 주물러주면서 관절이나 근육에 통증을 느끼는지 확인하세요. 고양이는 높은 곳을 좋아하기 때문에 늘 삐거나 골절될 위험이 있으니 주의해야 해요.

② **발톱** 발톱이 너무 길거나 깨진 곳은 없는지 확인하고 주기적으로 깎아주세요. 발톱이 너무 길면 깨지면서 상처가 날 수 있어요. 특히 다묘 가정이라면 고양이끼리 장난을 치다가 다칠 수 있으니 자주 관리해주세요.

고양이마다 좋아하는 스킨십 부위가 달라요
일반적으로 고양이는 꼬리뼈를 두드려주는 걸 좋아한다고 알려져 있지만, 종종 싫어하는 아이들도 있어요. 따라서 귀나 턱 등 다양한 스킨십을 시도해보며 고양이의 취향을 파악하는 게 중요합니다. 만약 고양이가 싫어하는 스킨십이 있다면, 억지로 하지 말고 좋아하는 스킨십 위주로 해주세요.

고양이 울음소리의 의미, 무슨 말을 하는 걸까?

　언뜻 들으면 비슷한 것 같지만 고양이는 다양한 울음소리를 내요. 하지만 미묘한 차이를 알아차리기 어려우므로 울음소리와 함께 어떤 행동을 하는지 잘 살펴봐야 해요. 단순히 배가 고프거나 놀자는 의미일 수 있지만, 질병의 신호일 수도 있기 때문에 집사의 주의가 필요합니다. 다양한 고양이 울음소리에는 어떤 의미가 담겨 있을까요?

✓ 고양이 울음소리의 의미

발정기 울음소리 "애오오옹 애오오옹"

중성화 수술을 받지 않은 고양이라면 발정기가 왔을 때 "애오오옹 애오오옹" 하는 울음소리를 낼 수 있어요. 이것을 콜링(calling)이라고 해요. 일반적으로 발정기의 암컷 고양이가 수컷 고양이를 부르기 위해 소리를 내고, 수컷 고양이도 암컷 고양이의 콜링에 화답하기 위해 함께 울음소리를 내기도 해요. 이때 내는 울음소리는 사람 아기 울음소리와 비슷할 정도로 높고 큰 것이 특징이에요.

요구의 울음소리 "아~옹"

고양이가 집사를 쳐다보며 부르듯이 "아~옹" 하고 울음소리를 낸다면 요구 사항이 있을 때가 많아요. 가장 자주 내는 울음소리로 밥을 달라고 하거나 놀고 싶을 때, 화장실이 더러울 때 등 불만이나 요구를 표현해요. 고양이가 "아~옹" 하고 소리를 낸다면 밥그릇과 물그릇, 화장실 청결을 차례로 점검해보세요.

기쁨의 울음소리 "냐앙!"

집사의 다리 주변에 몸을 비비며 "냐앙!" "냐~"같이 짧은 울음소리를 낸다면 반가움, 기쁨의 의미예요. 집사의 귀가를 반겨주거나 관심이 필요할 때 자주 내는 울음소리입니다. 고양이의 이름을 불렀을 때 대답하듯 울음소리를 내기도 해요.

흥분의 울음소리 "갸르르 가라랴갸걍"

고양이가 입을 작게 벌리고 "갸르르 가라랴갸걍" 같은 이상한 소리를 낼 때가 있어요. 이것은 채터링(chattering)으로 고양이가 사냥감을 발견했을 때 내는 본능적인 울음소리예요. 흥분과 흥미, 나아가 사냥감을 잡지 못한 좌절감이나 답답함을 표현해요.

분노의 울음소리 "하아악!" "캬악!"

'하악질'이라고도 불리는 이 울음소리는 분노와 공포를 느끼거나 컨디션이 좋지 않은 상태로 공격성을 띠는 소리입니다. 낯선 이에게 더 이상 다가오지 말라는 방어적 표현인데, 갑자기 놀라거나 공포를 느낄 때도 하악질을 해요. 이때는 더 이상 다가가지 말고 그 장소를 피하는 것이 가장 좋은 방법입니다. 평소 온순했던 고양이가 하악질을 한다면 몸이 아픈 것을 숨기려는 것일 수 있으니 병원 진료를 받아보는 것이 좋아요.

휴식의 울음소리 "그릉그릉"

고양이의 목 부근에서 내는 진동 소리 같은 울음소리로 '골골 송'이라고 불러요. 일반적으로 고양이가 휴식하거나 안정적인 상태에서 자주 내지만, 때로는 불안 하고 초조할 때 고양이 스스로 자신을 안정시 키기 위한 카밍 시그널로 사용하기도 해요.

통증의 울음소리 "아옥!" "오옥!"

고양이가 비명같이 짧은 울음소리를 낸다면 통증의 표현일 수 있어요. 꼬리를 밟히거나 다른 고양이에게 물렸을 때, 아픈 부위 를 만졌을 때 비명처럼 나오는 울음소리입니다. 화장실 주변에서 고양이가 비명 소리를 낸다면 위급 상황일 수 있으니 곧바로 병원에 가보세요.

만족의 울음소리 "아웅아웅" "우웅우웅"

고양이가 밥을 먹으면서 "아웅아웅" 같은 울음소리를 낸다면 너무 맛있다는 표현이에요. 특히 어린 고양이에게서 자주 나타

나며, 정말 맛있는 간식을 먹었을 때도 이런 울음소리를 내기도
해요.

낮은 신음 같은 울음소리 "우~" "우으으~"

고양이가 "우~" "우으으~" 같은 낮은 신음 소리를 낸다면 컨
디션이 좋지 않거나 불안하다는 의미일 수 있어요. 특히 아무런
위협이 없는 상태에서 몸을 웅크리고 털을 세우
며 신음 같은 울음소리를 낸다면 통증을 느낀
다는 의미일 수 있으니 병원에 데려가 진료를
받아보세요.

우~우으으~

비명 같은 울음소리 "갸악!" "걕!"

"갸악!" "걕!" 같은 비명 소리는 통증을 나타내는 울음소리일
가능성이 높아요. 자주 내는 울음소리가 아니기 때문에 고
양이가 이런 소리를 낸다면 곧장 상황을 확인해
야 합니다. 높은 곳에서 떨어져 다리를 삐었거
나, 끈이나 비닐 봉투에 목이 걸리는 등의 위급
상황일 수 있어요.

화장실에서 내는 울음소리

고양이가 화장실 주변을 돌아다니며 울거나 배설을 하며 울음소리를 낸다면 질병과 이어질 가능성이 높아요. 고양이는 비뇨계 질병에 취약하기 때문에 화장실에서 불편함을 느낄 때는 최대한 빨리 병원 진료를 받게 해주세요.

칭찬은 고양이를 행복하게 합니다

훗!

'고양이는 교육할 수 없다'라는 말이 있죠. 고양이가 원하지 않는 것, 불쾌감, 두려운 상황을 접하게 되면 피하거나 숨으려 하는 습성 때문이에요. 그러나 앞에서 설명했듯 휴지통을 뒤지거나 물건을 깨는 등의 위험한 행동을 했을 때는 교정이 필요하고, 규칙을 지켰을 때는 칭찬이 필요합니다. 물론 고양이가 사람의 말을 이해할 수는 없어요. 하지만 사람의 감정 상태나 분위기를 빠르게 알아채기 때문에 집사가 자신을 혼내는지 칭찬하는지 충분히 알 수 있어요.

✓ 고양이에게 칭찬이 필요한 이유

사실 고양이는 독립적인 동물이기에 집사의 칭찬을 중요하게 생각하지 않아요. 대신 자신을 칭찬하는 집사의 기분이나 관심, 애정을 느끼는 것에 만족스러워합니다. 따라서 집사가 칭찬을 해준다면 고양이의 만족감, 자신감이 높아져 돈독한 유대 관계를 쌓을 수 있답니다.

✓ 고양이를 칭찬하는 방법은?

적절한 보상과 함께 칭찬한다

예를 들어 고양이가 싫어하는 발톱 깎기, 목욕, 양치를 했을 때 잘 참았다면 칭찬과 함께 간식을 주세요. 이런 상황이 반복되면 집사가 고양이에게 싫은 행동을 해도 고양이 역시 조금씩 인내심을 가지고 참을 수 있게 됩니다.

최고 최고!

으쓱~

곧바로 칭찬한다

고양이를 칭찬하는 타이밍도 중요해요. 우선 문제 행동 시 훈육을 하고 그것을 멈추었을 때 곧바로 칭찬해주세요. 시간이 한참 지난 후 칭찬하면 고양이는 자기가 왜 칭찬을 받는지 모릅니다. 칭찬이라는 긍정적인 경험과 어떻게 하면 칭찬을 받는지 알려주는 것이 포인트입니다.

과장된 표현으로 칭찬한다

고양이를 쓰다듬어주면서 높은 톤으로 "잘했어!" "대단해!" 같은 과장된 표현으로 칭찬해주세요. 정해진 톤과 단어를 반복해서 칭찬해준다면, 고양이는 칭찬의 표현이 무엇인지 이해하게 될 거예요.

고양이 취향에 맞게 칭찬한다

고양이의 특성과 취향을 생각하며 칭찬하는 것도 중요해요. 스킨십을 좋아하는 고양이라면 안아주고 쓰다듬는 것으로 칭찬해주세요. 하지만 스킨십을 싫어한다면 이를 별로 좋아하지 않겠죠. 마찬가지로 먹는 것을 좋아하는 고양이라면 간식을 주면서, 사냥 놀이를 좋아한다면 놀아주는 것으로 칭찬해주세요.

칭찬은 고양이를 지혜롭게 만듭니다

고양이와 함께하는 생활에서 칭찬은 필수입니다. 칭찬을 통해 고양이가 집 안에서 지켜야 할 규칙을 알게 될 뿐만 아니라, 집사와 유대 관계를 쌓으며 자신감과 행복을 느낄 수 있기 때문입니다. 오늘도 착하게 하루를 보낸 우리 고양이에게 칭찬을 아끼지 마세요!

고양이 잠자는 모습에도 다양한 의미가 있어요

고양이는 인생의 거의 절반 이상을 잠을 자며 보낸다고 할 만큼 많은 시간 수면을 취해요. 그만큼 고양이에게 잠은 삶의 질을 높이는 매우 중요한 요소입니다. 그런데 고양이가 잠자는 모습에도 의미가 있다는 사실, 알고 계셨나요? 고양이는 심리와 신체 상태에 따라 다양한 자세로 잠을 잔답니다. 고양이가 자는 모습에는 어떤 의미가 담겨 있을까요?

✓ 고양이가 잠자는 모습

바닥에 발바닥을 붙이고 자는 자세

절반은 서 있는 것처럼 보이는 이 자세는 경계심이 많은 고양이에게서 자주 볼 수 있어요. 언제든 도망갈 수 있는 자세이기 때문에 얕은 잠을 잘 때가 많아요. 길고양이들의 경우 이 자세로 잠을 자는 모습을 종종 볼 수 있어요.

앞발을 몸 안쪽으로 접은 일명 '식빵' 자세는 이 자세에 비해서는 안정된 상태예요. 하지만 식빵 자세 역시 완벽하게 편안한 자세는 아니며 경계심이 어느 정도 남아 있다고 볼 수 있어요. 집고양이라면 날씨가 추울 때 식빵 자세로 잠을 자곤 해요.

냥모나이트 자세

고양이가 몸을 둥글게 말고 얼굴을 엉덩이 쪽으로 굽혀 자는 냥모나이트 자세는 얼굴을 숙이고 발이 바닥에서 떨어진 자세이기 때문에 경계심이 낮은 상태예요. 약간 서늘한 공간에서 자주 보이는 자세로 혼자 있고 싶거나 방해받고 싶지 않다는 의미라고도 해요. 만약 냥모나이트 자세로 자고 있다면 집 안 온도를 조절하고 푹 잘 수 있도록 내버려두세요.

눈을 가리고 자는 자세

고양이가 앞발로 눈을 가리거나 얼굴을 바닥에 묻는 자세로 잔다면 눈이 부시다는 뜻이에요. 고양이의 숙면을 위해 방 안 조명을 끄고 편안하게 쉴 수 있는 분위기를 만들어주세요.

네발을 쭉 뻗은 자세

고양이가 네발을 쭉 뻗은 채 잔다면 안전하고 편안하다는 의미예요. 온몸을 편 상태이기 때문에 경계심이 낮다는 뜻이며, 만약 이불을 바꿨을 때 이 자세로 잔다면 이불 촉감에 만족한다는 의미일 거예요. 또 몸을 쭉 뻗은 상태로 벽에 붙어 있다면 덥기 때문이니 방 안 온도를 낮춰주세요.

집사를 향해 엉덩이를 보이는 자세

고양이가 집사에게 엉덩이를 보이고 잔다면 집사에 대한 신뢰

도가 높다는 것을 의미해요. 또 '내 뒤를 지켜
다옹!'이라는 의미일 수도 있어요. 야생에서 뒤
를 공격당하는 것은 매우 치명적인 일이에요.

✓ 집사와 함께 자는 고양이의 특징

대부분 고양이는 혼자 자는 것을 선호하지만 간혹 집사와 함께
자고 싶어 하는 아이들도 있습니다. 특히 집사와 새끼 고양이 시
절부터 함께했다면 집사를 어미라고 생각해 함께 잠을 자려고 할
수 있습니다.

집사의 얼굴 근처에서 자는 고양이

고양이가 집사와 유대감이 깊고 애교가 많다면 집사의 얼굴
부근에서 자려고 할 수 있어요. 앞서 언급했듯 특히 얼굴을 향해
엉덩이를 보이고 자는 것은 높은 신뢰도를 의미해요.

집사의 이불 속에서 자는 고양이

이불 속이라는 어두운 공간에 들어가 잠을 잘 만큼 경계심이
없다는 것을 의미해요. 안정감을 좋아하기 때문에 숨숨집이나 상

자 같은 막힌 공간을 선호하는 경향이 있어요. 또 추위를 잘 타기도 할 거예요.

집사의 다리 사이나 발밑에서 자는 고양이

집사와 함께 자고 싶지만 자신을 만지는 건 싫어하는, 귀찮은 것을 싫어하는 고양이일 가능성이 높아요. 어리광은 상대적으로 적은 편으로 독립적인 성격이랍니다.

집사의 침대 근처에서 자지 않는 고양이

고양이는 집단생활을 하지 않는 동물이기에 혼자서 생활하는 데 익숙해요. 따라서 성묘가 되면 자연스럽게 혼자 자는 것을 선호하죠. 유독 혼자 잠을 자려는 고양이라면 자립심과 독립적인 성향이 강하다는 것을 의미해요.

✔ 컨디션에 따라 자는 모습이 달라진다

고양이가 자는 모습을 바꾸는 데는 다양한 이유가 있어요. 특히 컨디션에 따라 자는 모습이 달라지기도 해요. 주의해야 할 고양이의 취침 모습에 대해서 알아봅시다.

하루 종일 잠만 잘 때

고양이마다 조금씩 차이는 있지만 보통 성묘의 평균 수면 시간은 하루 약 14시간입니다. 하지만 고양이가 평소보다 오래 자거나, 활동량이 줄어들고, 힘이 없다면 병원에 꼭 데리고 가보세요. 고양이는 아파도 티를 잘 내지 않기 때문에 자는 시간이 늘어난 것만으로도 질병의 신호일 수 있어요.

평소 잘 때와 호흡이 다를 때

고양이가 평소와 달리 코를 골거나, 코가 막힌 소리를 낸다면 질병을 의심할 수 있어요. 평소 건강할 때의 호흡 방식과 1분 동안의 호흡수를 기록해두고 변화가 있다면 진찰을 받아보는 것이 좋습니다.

숨어서 잘 때

고양이가 평소와 달리 숨어서 잔다면 어딘가 다쳤거나 통증을 느끼고 있을 수 있어요. 이때 호흡이 가쁘거나 개구 호흡을 한다면 위급 상황일 수 있습니다. 식욕, 활력, 배변 상태 등 다른 이상은 없는지 자세히 살펴보세요.

수면 시간이 급격하게 줄었을 때

고양이가 평소보다 수면 시간이 급격히 줄고 갑자기 밤에도 뛰어다니고 활동량이 늘어났다면 갑상선기능항진증을 의심할 수 있어요. 7세 이상인 고양이에게서 자주 나타나는 질병으로 활동성과 식욕이 갑자기 늘어나고 체중이 급격히 감소하는 증상이 나타납니다.

낮밤이 바뀌었을 때

고양이가 낮밤이 바뀌고 밤에 계속 운다면 치매 증상일 수 있어요. 수면 패턴이 바뀌면서 잠잘 시간에도 돌아다니거나 밤에 1~2시간 간격으로 갑자기 큰 소리로 울기도 해요. 이때는 집사를 과도하게 따라다니거나 종종 행동을 멈추고 멍하게 서 있는 증상을 보일 수 있습니다.

 비마이펫 Tip

고양이와 함께 자고 싶다면
먼저 고양이에게 두터운 신뢰를 얻어야 합니다. 사냥 놀이나 화장실 청소 등을 꾸준히 하며 고양이에게 신뢰를 얻어요. 둘째, 평소 본인의 잠버릇이 심하지 않은지 점검해보세요. 셋째, 수면 시간을 맞추는 것도 중요해요. 고양이와 집사의 생활 패턴이 너무 다르다면 함께 자기 어려울 수 있어요. 마지막으로 고양이가 잘 때 만지지 않도록 하세요. 고양이는 잠을 방해받는다고 생각할 거예요.

고양이가 갑자기 하악질을 하거나 무는 이유는?

고양이가 평소와 다름없이 잘 놀다가도 갑자기 하악질을 하거나 물 때가 있어요. 영문을 모르는 집사는 당황스럽고 억울하기까지 하죠. 사실 이는 집사가 뭔가를 크게 잘못해서 그런 건 아니랍니다. 고양이가 갑자기 하악질을 하거나 무는 것이 꼭 공격을 의미하는 것은 아니에요. 고양이가 무는 데는 매우 다양한 이유가 있답니다. 어떤 이유 때문인지 함께 알아볼까요?

√ 고양이는 왜 갑자기 물려고 할까?

이가 가렵다옹!

새끼 고양이는 생후 2주부터 젖니가 나고 생후 3~7개월부터는 영구치가 자라며 이갈이를 시작합니다. 이때 젖니가 빠지고 영구치가 올라오면서 이와 잇몸이 매우 가려워 뭐든 깨물고 싶어 해요. 만약 새끼 고양이가 집사의 손이나 발을 물려고 한다면 공격이 아닌 이갈이 때문일 수 있어요. 이때 꾸짖기보다는 씹고 뜯을 수 있는 부드러운 재질의 쿠션이나 인형을 준비해주세요.

너무 신난다옹!

고양이가 어렸을 때 집사가 손이나 발을 입에 물리며 놀아줬다면 그 기억이 커서도 이어질 수 있어요. 물거나 할퀴는 행동이 놀이라고 인식하는 것이죠. 이를 예방하기 위해 새끼 고양이 시절부터 집사의 신체로 놀아주기보다는 장난감을 사용하도록 하세요. 한번 습관이 되면 고치기 힘드니 주의해야 합니다.

이제 귀찮다옹!

고양이는 쓰다듬거나 엉덩이를 두드려줄 때 기분 좋은 듯 손

길을 즐기다가도 갑자기 공격하곤 해요. 이것은 이제 만족했으니 그만 만지라는 의미입니다. 대체로 물기 전 꼬리를 빠르게 흔들거나 꼬리로 바닥을 탁! 치는 행동으로 먼저 표현을 하기 때문에 고양이의 보디랭귀지를 잘 읽는 것이 중요해요.

이 정도는 괜찮지 않냐옹?

고양이는 태어나서 6개월까지, 어미 고양이와 형제 고양이들과 함께 자라며 사회화 과정을 거칩니다. 이때 서로 물고 씹으면서 '물리면 아프구나' '너무 세게 물면 안 되는구나'를 학습하죠. 하지만 사회화 과정을 거치기 전에 어미 고양이와 떨어지면 힘을 조절하는 법을 배우지 못해 '이 정도는 괜찮겠지'라는 생각으로 갑자기 물어버릴 수 있어요.

내가 잡을 거라옹!

고양이는 야생에서 작은 곤충이나 동물을 사냥하는 육식동물이었어요. 이 본능은 집고양이가 된 후에도 어느 정도 남아 있어 갑자기 튀어나온 사냥 본능으로 집사를 물거나 공격할 수 있습니다. 집사의 눈에는 보이지 않는 작은 벌레나 먼지, 또는 집사 옷에 달린 끈이나 머리카락에 사냥 본능이 튀어나온 것이죠.

아프다옹!

만약 고양이가 평소와 달리 유난히 공격적인 행동을 보이며 물거나 하악질을 한다면 질병이나 부상으로 인한 통증이 원인일 수 있어요. 이때는 고양이가 구석으로 몸을 숨기려 하거나 집사가 다가갔을 때 피할 수 있습니다. 시간이 지난 뒤에도 안정되지 않는다면 진찰을 받아보세요.

✓ 자꾸 무는 고양이, 어떻게 대처하면 좋을까?

고양이에게 물릴 경우 자칫하면 상처가 감염되어 파상풍, 패혈증 등의 큰 병으로 이어질 수 있어요. 따라서 올바른 대처 방법을 알아두어야 해요.

고양이의 공격 전 행동 관찰하기

고양이는 공격하기 전 특정 행동을 보여요. 사냥하듯 몸을 낮추거나 동공이 열리고 귀가 뒤로 뒤집히죠. 고양이가 어떤 행동 뒤에 공격해 오는지 파악하고 건고 증상이 보이면 그 자리를 피하는 것이 좋아요.

무시하고 자리 떠나기

고양이가 갑자기 흥분했을 때는 무시하고 거리를 두는 것이 가장 좋아요. 고양이를 달래기 위해 만지거나 안으려고 하는 행동은 금물입니다. 오히려 더욱 심하게 물거나 할퀼 수 있어요. 또 기분을 풀어주려 간식을 주는 것도 금물이에요. 공격하면 보상을 받을 수 있다고 생각할 수 있어 역효과가 나기 때문이에요. 고양이가 진정할 때까지 가만히 놔두고 무시하세요.

눈을 피하고 만지지 않기

고양이가 흥분했을 때는 시선을 마주하지 말고 다른 곳을 보세요. 고양이 세계에서 눈을 똑바로 쳐다보는 것은 싸움을 거는 행동이므로 고양이가 전투태세에 돌입할 수 있어요.

 비마이펫 Tip

고양이의 공격성은 사회화 시기가 좌우합니다
고양이의 사회화 시기는 생후 약 6개월까지로 알려져 있어요. 가능하다면 이때 고양이와 함께 규칙을 정하고 훈련을 하는 게 좋습니다. 새끼 고양이와 살게 되었다면 이때 무는 버릇이 들지 않도록 주의해주세요.

고양이가 아플 때 보이는 신호

집사야, 난 건강하다옹!

아픈 것을 드러내지 않는다는 고양이의 습성 때문에 집사가 고양이의 병을 알아채지 못할 때가 많아요. 그래서 집사는 평소 고양이의 행동과 상태를 잘 파악해둬야 해요.

앞서 여러 챕터에 걸쳐 고양이의 행동을 통해 기분과 필요한 요구, 몸 상태를 설명했습니다. 이번에는 고양이가 아플 때 보이는 SOS 신호를 총정리하는 시간을 갖겠습니다.

√ 고양이가 아플 때 보이는 행동 13가지

평소 아침마다 나를 깨우던 고양이가 갑자기 조용해지거나 좋아하던 장난감, 간식에 관심을 보이지 않는다면 유심히 지켜보세요. 사소한 변화가 질병의 신호일 수 있어요. 그렇다면 고양이가 아플 때 보이는 대표적인 행동은 무엇일까요?

식욕의 변화

계속 강조하지만 고양이가 갑자기 식욕이 줄고, 평소 먹던 식사량을 남긴다면 결코 사소하게 넘기면 안 돼요. 식사에 별 반응이 없다면 가장 좋아하는 간식을 급여해보세요. 그러나 간식에도 시큰둥하거나 먹다가 남긴다면 꼭 수의사의 진찰을 받아야 합니다. 고양이는 며칠이라도 굶으면 지방간이 나타날 위험이 있으니 주의해야 합니다. 반대로 갑자기 식욕이 폭발하는 것도 건강 위험 신호니 유의하세요.

구토

고양이에게 구토는 헤어볼 구토 등 너무나 자연스러운 현상이라 크게 걱정할 필요는 없습니다. 다만 정말 아파서 구토를 하는 경우도 많기 때문에 주의할 필요가 있습니다. 구토 외에 다른 증상이 없고, 활력도 정상이라면 자연스러운 생리 현상인 경우가 많습니다. 아래의 〈도표 6〉을 참고해주세요.

• 도표 6 고양이의 다양한 구토 증상

구토 증상	증상의 의미
털을 토할 때	혀의 돌기로 몸을 그루밍하며 털을 정돈하는 고양이는 자연스레 털을 먹게 됩니다. 보통 배변으로 배출되지만 배 속에서 엉킨 털을 토하기도 하는데 이 현상을 '헤어볼 구토'라고 합니다. 한 달에 한두 번의 헤어볼 구토는 자연스러운 현상이니 걱정하지 마세요. 다만, 이보다 자주 토한다면 의사의 진찰이 필요해요.
소화되지 않은 사료를 토할 때	고양이가 밥을 너무 빨리 먹었거나 과식했을 때 사료를 토할 수 있어요. 과식하는 습관이 있는 고양이라면, 여러 차례에 나눠서 밥을 주거나 수분 함량이 높은 사료를 준비해주세요. '급체 방지용 밥그릇'을 사용하는 것도 추천합니다.
노랗거나 투명한 액체, 하얀 거품을 토할 때	고양이 식사 간격이 너무 길어 위가 너무 오래 비었을 경우, 위액이나 담즙을 토한 경우입니다. 이 경우, 기존의 양을 주되 식사 횟수를 늘리면 해결할 수 있어요.
핑크색 또는 연한 빨간색 액체를 토할 때	위, 식도, 잇몸 등의 출혈 또는 회충 감염이나 이물질로 인한 구토일 수 있어요. 구토물에 벌레나 이물질이 섞여 있는지 확인하고 의사에게 진찰받도록 하세요.
어두운 빨간색 또는 갈색 액체를 토할 때	당장 치료가 필요한 응급 상황입니다. 위, 십이지장 궤양에 따른 출혈을 의심할 수 있어요. 이 경우, 구토에서 악취가 나고 커피 찌꺼기 같은 이물질이 섞여 있기도 합니다.
구토 외 나쁜 증상을 동반할 때	구토에 특이 사항이 없어도, 식욕부진이나 배변 상태와 음수량, 체중에 변화가 있다면 의사의 면밀한 진찰이 필요합니다.

체중의 변화

만약 고양이의 체중이 짧은 기간에 5% 이상 줄었다면 이상이 있다는 뜻입니다. 고양이는 털 때문에 눈으로 체중 변화가 잘 느껴지지 않아요. 육안으로 살이 빠진 것이 느껴질 정도라면 이미 위험한 상태일 수 있으니 주기적으로 집에서 체중을 체크하는 것이 좋습니다. 반대로 고양이가 살이 갑자기 많이 찌는 것도 건강에 좋지 않아요. 비만은 사람뿐 아니라 고양이에게도 다양한 합병증을 유발할 수 있으니 적정 몸무게를 유지하도록 관리하세요.

활동량의 변화

무기력하고 활동량이 줄어든 고양이는 언뜻 휴식하고 있는 것처럼 보일 수 있어요. 하지만 평소와 비교했을 때 고양이가 오래 누워 있거나 수면 시간이 길어졌다면 건강의 적신호는 아닌지 의심해봐야 해요. 이때는 깨어 있어도 걸음이 느리거나, 장난감에도 반응하지 않으며 평소와 달리 구석에 숨어 있는 경우가 많습니다.

음수량 또는 소변량의 변화

고양이가 갑자기 물을 너무 많이 마시거나, 소변을 많이 누는 것도 질병이 원인일 수 있어요. 특히 고양이는 신장 질병에 취약하기 때문에 평소 음수량과 소변량을 체크해두는 것이 중요합니다. 이때는 단순히 물을 많이 마시는 것을 넘어 물그릇 주변을 떠나지 않거나, 얼굴이 축축해지도록 물을 마시는 모습을 보여요.

배설물의 변화

고양이의 소변과 대변은 건강을 나타내는 가장 중요한 지표예요. 평소 건강할 때 소변과 대변의 양과 상태, 배설 자세와 시간 등을 알아두면 문제가 생겼을 때 알아차리기 쉽습니다. 특히 고양이가 화장실에서 나오지 않거나 화장실 주변을 돌아다니며 울고, 화장실을 왔다 갔다 한다면 요로계 질환이 원인일 수 있으니 최대한 빨리 병원에서 진찰받도록 합시다.

설사의 원인은 음식을 잘못 먹었거나 중독 증상, 장내 염증 등 다양합니다. 일시적인 설사라면 큰 문제가 없지만 2회 이상 반복된다면 병원에 데려가세요. 병원에 방문할 때는 설사 상태를 사진 찍어 가면 진단에 도움이 됩니다.

☐ 화장실에서 큰 울음소리를 내거나 배설 자세를 불편해한다.

☐ 갑자기 화장실이 아닌 곳에 소변 실수를 한다.

☐ 소변량, 소변 횟수가 달라졌다.

☐ 소변의 색상이나 냄새가 변했다.

☐ 설사를 하거나 대변 색이 변했다.

☐ 화장실을 들락날락하지만 배설을 하지 못한다.

☐ 화장실에서 나오지 않으려 한다(배설이 오래 걸리는 상태).

호흡의 변화

고양이는 개와 달리 일반적으로 입을 열고 숨을 쉬지 않아요. 만약 고양이가 심한 운동을 하지 않았는데도 입을 열고 헉헉거리며 숨을 가쁘게 쉬거나 호흡이 짧고 거칠어졌다면 매우 불안한 상태 또는 질병이 원인인 응급 상황일 수 있어요.

고양이의 호흡수는 가슴이나 배가 오르락내리락하는 것으로 판단할 수 있습니다. 편안하게 쉬는 상태에서 호흡수를 재주세요. 조금 어렵지만 주로 뒷다리 안쪽과 사타구니가 만나는 대퇴동맥의 맥을 짚어 심박수를 재는 방법도 있습니다. 사냥 놀이나 캣타워를 오르내리는 등 활동량이 증가했을 때는 심박수와 호흡수가 높아질 수 있습니다.

- 평균 호흡수 = 1분당 20~30회

- 평균 심박수 = 1분당 150~180회

* 호흡 1회: 가슴이 올라갔다 내려가는 것
* 새끼 고양이는 호흡수와 심박수가 평균보다 조금 빠를 수 있습니다.

체온의 변화

고양이의 체온이 정상 체온에 비해 떨어지거나 높아지는 것도 건강의 이상 신호예요. 고양이의 체온은 주로 항문에 체온계를 넣어 측정하는데, 체온계 끝에 바셀린을 살짝 묻혀 삽입하면 더욱 쉽게 잴 수 있어요. 꼬리를 들어 올리고 천천히 항문 안 2.5cm 정도까지 체온계를 넣어 측정합니다. 고양이의 정상 체온은 37.6~39.5℃ 정도로 사람보다 약간 높아요. 조금 더 간단히 확인할 수 있는 방법으로 코를 만져보세요. 코가 건조하면 고양이의 체온이 갑자기 올랐다는 의미입니다.

눈, 코, 귀의 변화

고양이가 갑자기 눈물이나 콧물을 흘린다면 상부 호흡기계의 감염, 즉 허피스가 원인일 수 있습니다. 다묘 가정에서는 다른 고양이에게 전염될 수 있으니 빨리 진찰을 받는 것이 좋습니다. 또는 봄철 먼지나 꽃가루 알레르기, 식이 알레르기 반응으로 눈물과 콧물이 나기도 하니 잘 살펴봅시다. 고양이의 귀에 귀지가 많거나 진물이 나온다면 알레르기 반응이나 세균 감염, 진드기 같은 기생충이 있을 수 있어요. 그냥 방치할 경우 고양이가 긁다가 상처가 나거나 고막에 영향을 줄 수 있으므로 초기 치료가 중요합니다.

점막 색상의 변화

고양이의 잇몸이나 귀 안쪽, 발바닥의 색상이 변했다면 컨디션에 문제가 있을 수 있어요.

첫째, 잇몸이 파랗게 변하는 것은 산소가 부족해 청색증이 왔다는 의미이므로 곧바로 병원에 가야 합니다. 잇몸은 옅은 핑크색을 띠는 것이 정상이며 잇몸 주변이 붉거나 출혈이 있다면 구강 질환이 원인일 수 있어요. 둘째, 귀 안쪽과 발바닥의 혈색이 옅어졌다면 빈혈의 신호입니다. 이 경우 뒷발이 차가워졌는지 확인해주세요. 뒷발이 차갑다면 혈전증까지 의심되는 응급 상황입니다. 또 이 증상은 저체온증을 의미할 수도 있습니다. 이때 실내 온도를 체크한 후 이상이 없다면 고양이의 체온이 오르도록 따뜻하게 해주세요. 그래도 해결되지 않는다면 병원 진료가 필요합니다.

울음소리의 변화

고양이가 평소와 달리 큰 소리로 울거나 지나치게 많이 운다면 컨디션을 세심하게 살펴봐야 해요. 어딘가 아프거나 스트레스를 받고 있을 수 있기 때문입니다. 고양이가 울음소리를 내는 것은 기본적으로 문제가 있거나 요구 사항이 있다는 의미이기 때문에 원인을 찾아 해결해주는 것이 필요해요.

그루밍의 변화

고양이가 특정한 부위만 핥는다거나 그루밍을 전혀 하지 않는다면 주의가 필요해요. 고양이가 그루밍하는 부위에 통증을 느끼거나 알레르기, 피부염 등이 생겼을 수 있어요. 또 과도한 그루밍으로 탈모가 생길 수도 있습니다. 특히 고양이가 그루밍을 전혀 하지 않는다면 응급 상황입니다.

성격의 변화

갑자기 고양이의 성격이 변했다면 주의가 필요해요. 집사에게 갑자기 과도한 애교를 부리거나 분리불안 증상을 보이거나 반대로 극단적으로 공격적인 모습을 보인다면 건강에 문제가 있을 수 있습니다. 특히 고양이도 사람처럼 노화로 인한 인지장애, 즉 치매 증상을 보일 수 있어요. 이때는 평소 성격과 달라질 수 있으니 세심한 관찰이 필요해요.

CHECK 이때는 응급 상황일 수 있어요!

☐ 그루밍을 하지 않는다.

☐ 동공이 커진 채 멍하니 있는다.

☐ 균형을 잘 잡지 못하고 비틀거리거나 쓰러진다.

☐ 양쪽 동공의 크기가 다르다.

☐ 평소보다 자주 갸우뚱거리거나 한쪽으로 고개가 기울어져 있다.

☐ 숨을 쉴 때 입을 벌리거나 색색 소리를 낸다.

☐ 기운이 없고 잇몸의 색상이 창백하다.

☐ 뒷다리를 쓰지 못한다.

 비마이펫 Tip

고양이도 아플 때는 신호를 보내요
고양이가 아플 때 보내는 신호를 알아채기 위해서는 평소 몸무게와 음수량, 대소변 상태를 잘 확인하고, 고양이의 습관이나 취향 등을 잘 살펴보도록 합시다.

고양이도 집사도 모두가 행복한 매일을 위해

어떻게 해야 할까?

집중

집중

'나만 고양이 없어'라는 말이 유행할 정도로 고양이는 반려동물로 많은 사랑을 받고 있어요.

고양이도 집사도 행복한 반려 생활을 하기 위해서 가장 중요한 것이 뭘까 생각해보면 '함께 살아가려는 마음가짐'이 아닐까 합니다. 고양이와 한 공간에서 살다 보면 고양이의 알 수 없는 행동과 이해되지 않는 까다로움으로 집사의 마음과 생활에 많은 영향을 미치기 때문이에요. 따라서 고양이를 데려온 이후 자신에게 벌어질 일을 가늠해보고 마음의 준비를 단단히 해야 합니다. 데려온 후에는 그 각오를 실천해야 하고요!

✔ 고양이는 돌봄이 필요한 어린아이

고양이는 항상 부모의 도움이 필요한 어린아이와 같다고 생각하면 됩니다. 어린아이에게 매일 돌봄이 필요하듯 고양이도 마찬가지입니다. 매일매일 세끼 식사와 물을 챙겨주고 화장실 청소, 양치질, 빗질, 사냥 놀이를 하는 것은 기본 중의 기본이에요. 고양이의 행동이나 성격에 따라 집사의 생활 패턴 자체가 달라질 수도 있어요. 한밤중에 우다다를 하거나 매일 아침 일찍 집사의 잠을 깨우기도 하고, 집 곳곳에 털이 붙어서 청소도 더 자주 해야 합니다. 또 고양이의 행동과 건강을 항상 체크하고 아프면 병원에 데려가야 합니다.

아직 끝나지 않았어요! 고양이는 개와 달리 다른 곳에 맡기는 것이 쉽지 않습니다. 그래서 여행을 가기도 힘들지요. 이사를 가려고 해도 반려동물을 키우지 못하게 하는 곳이라면 선택지에서 제외해야 합니다. 이처럼 고양이를 양육하기 위해서는 많은 시간과 노력이 필요한 것은 물론이고 정기적으로 지출하는 비용도 만만치 않습니다.

✔ 고양이는 인형이 아니에요

고양이를 '생명체'로 온전히 받아들이는 것이 중요해요. 고양이를 그저 인형처럼 가만히 있는 귀여운 존재로 생각하고, 처음부터 집사를 사랑하고 신뢰할 거라고 기대하는 경우가 있습니다. 하지만 고양이는 무조건 집사를 사랑해주는 존재가 아닙니다.

또 고양이는 제각각 성격이 다릅니다. SNS 영상에서 종종 보이는 주인 바라기 고양이, 일명 '개냥이'일 수도 있지만 아주 도도해서 나에게 무관심할 수도 있어요. 어릴 때는 개냥이였다가 성묘가 되면서 성격이 정반대로 바뀌기도 하지요.

이와 같은 경우 많은 집사가 억울해합니다. '나는 밥도 잘 주고 화장실도 치워주면서 희생하는데 넌 왜 그래?!' 하며 심한 경우 미워하는 마음이 싹트기도 하지요. 우습게 들리거나 무책임해 보일 수도 있지만 초보 집사들의 솔직한 고민 중 하나입니다.

그러나 이런 상황은 집사가 억울해할 상황이 아니라 고양이가 억울해할 상황입니다. 가족에게는 기브 앤드 테이크가 통하지 않기 때문이에요. 부모님이 아무리 자식이 말썽을 피워도 사랑하는 마음과 책임감을 놓지 않고 훈육하는 것처럼 고양이 집사도 마찬가지입니다.

✓ 고양이의 마음으로 다가가세요

가족으로 한 생명을 선택한 만큼 고양이의 성격과 행동을 그 자체로 받아들이고 고양이의 언어로 이해할 필요가 있어요.

고양이는 저마다 성격이 달라서 스킨십을 귀찮아하는 경우도 있고, 유난히 까다롭거나 이것저것 깨뜨리며 속을 썩이기도 해요. 그러나 고양이의 이해할 수 없는 행동이 고양이의 관점으로 본다면 대수롭지 않은 일이라는 것, 생활 규칙을 만들고 가르치는 것은 자신의 책임이라는 것, 고양이와 애정을 주고받는 방법이 자신의 기대와 같을 수 없다는 것을 알아두는 것이 필요합니다. 이런 마음으로 고양이와 함께한다면 고양이도 집사도 행복이 가득한 반려 생활을 영위할 수 있을 거예요. 이뿐만 아니라 한 생명과 매일 소통하며 받는 사랑과 위로, 책임감을 느끼면서 더 나은 사람으로 성장해갈 수 있습니다.

이 책을 읽는 분 중 반려묘와 함께 살고 계신 분은 지금 고양이에게 사랑한다고 말해주세요. 혹 고양이 입양을 앞두고 계시다면 앞으로 다가올 고양이와의 하루하루가 행복으로 가득하기를 진심으로 바라겠습니다.

나는 몇 점짜리 집사일까?

고양이를 키운다는 것은 새로운 가족이 늘어난다는 의미예요. 마치 물건을 사는 것처럼 가볍게 생각해선 안 됩니다. 따라서 키우기 전에 고양이를 잘 키울 준비가 되었는지 스스로 점검해봐야 합니다. 이 페이지에서는 고양이와 궁합이 좋은 집사와 고양이를 키우면 안 되는 사람을 소개합니다. 다음의 내용을 보며 자신에게 부족한 부분이 있는지 점검해봅시다. 더불어 좋은 집사가 되는 비법에 대해서도 알아봅시다.

✦ 고양이와 궁합이 좋은 집사의 성격은?

차분하고 느긋한 사람

고양이는 예민한 동물이라 큰 소리나 동작, 행동에 쉽게 놀랄 수 있습니다. 그래서 성격이 급해 자주 서두르는 사람보다는, 차분하고 느긋한 사람과 궁합이 더 좋은 편이에요. 말을 할 때도 너무 큰 소리로 말하는 것보다는 조곤조곤 부드럽게 하는 게 좋겠죠.

쿨한 사람

대부분의 고양이는 지나친 간섭, 끈질긴 스킨십 등 귀찮게 하는 걸 싫어해요. 고양이 혼자 휴식을 취할 수 있도록 내버려두는 사람을 좋아하죠. 그러니 고양이가 좋다고 너무 귀찮게 하는 사람보다는 어느 정도 거리감을 둘 줄 아는 쿨한 사람이 고양이와 잘 맞을 가능성이 높습니다.

집돌이

바깥에서 시간을 보내는 걸 좋아하는 사람보다는 집에 있는 걸 좋아하는 사람이 고양이와 궁합이 더 좋아요. 고양이도 외로움을 느끼기 때문에 집사와 떨어져 있는 시간이 너무 길면 컨디션이 저하되거나, 우울증이 생길 수 있어요. 이때 단순히 함께 있는 것도 좋지만, 충분히 놀아주는 것도 중요하겠죠.

변화보다 안정이 중요한 사람

고양이는 환경이나 상황의 변화, 낯선 사람 때문에 스트레스를 받아요. 예를 들어 가능하면 이사를 하지 않고 한곳에서 사는 사람, 가구 배치에 큰 변화를 주지 않는 사람 등 변화보다는 안정을 추구하는 사람이 고양이와 궁합이 좋습니다.

♦ 고양이를 키우면 안 되는 사람은?

가족의 동의를 얻지 못한 사람

가족 구성원 모두의 동의를 얻지 못했다면 고양이와 함께 살기 좋은 환경이라고 할 수 없어요. 가족 모두가 동의해야 고양이도 행복하게 살 수 있기 때문이에요.

고양이에 대해 공부하지 않는 사람

고양이를 키울 때는 많은 지식이 필요해요. 고양이에 대해 잘 알아야 건강하게, 스트레스 없이 키울 수 있어요. 처음에는 부족할 수 있겠지만, 최소한 건강과 안전에 관련된 건 미리 공부해야 합니다.

고양이에게 돈 쓰는 게 어려운 사람

고양이를 키울 때는 생각보다 많은 돈이 들어요. 매달 필요한 화장실 모래, 사료는 물론 병원비도 들죠. 그러니 고양이에게 돈을 쓸 수 있는 마음과 여유가 있는 경우에만 키우도록 합시다.

집사로서 책임감이 없는 사람

고양이를 한번 데려오면 끝까지 책임지는 건 기본이에요. 또 다른 사람들을 배려하는 책임감도 필요해요. 예를 들어 동물 병원에서 진료를 기다릴 때는 이동장 안에 고양이를 넣어주세요. 고양이가 돌아다니다 주변 사람을 공격할 수 있답니다.

좋은 집사가 되는 4가지 비법

🔍 스킨십은 과하게 하지 않는다

고양이는 기분이 빠르게 변화되는 탓에 집사가 쓰다듬는 걸 기분 좋아하다가도 갑자기 귀찮아할 수 있어요. 이때 계속해서 스킨십을 한다면 고양이가 스트레스를 받고, 속박당한다고 느낄 수도 있어요. 그러니 고양이가 귀찮아한다면, 바로 스킨십을 그만두세요.

🔍 고양이가 놀라지 않게 행동한다

고양이는 예민하고 겁이 많은 동물이에요. 그래서 사소한 것도 무서워하고, 스트레스를 받기도 해요. 특히 고양이가 자거나 쉴 때는 더 주의해야 해요. 갑자기 쉬고 있는 고양이를 만지거나, 주변에서 큰 소리를 내 놀라게 하지 않도록 하세요.

🔍 고양이 화장실 청소는 매일매일!

고양이는 화장실에 정말 예민해요. 조금이라도 더러우면 소변 테러를 할 수 있고, 배변을 참아서 방광염에 걸릴 위험도 있어요. 그러니 화장실 청소는 매일 꼼꼼히 해서 깨끗하게 유지할 수 있도록 노력해야 해요.

🔍 복종을 바라지 말자

고양이에게는 개와 달리 집사를 무조건 따르거나 복종해야 한다는 개념이 별로 없어요. 복종 후 따라오는 집사의 칭찬에 개만큼 큰 기쁨을 느끼지 못하기 때문이기도 해요. 그래서 고양이에게 복종을 바라고 자꾸 꾸짖는다면 고양이가 스트레스를 받을 수 있어요.

재미로 보는 고양이 MBTI 성격 테스트

성격 유형 검사로 유명한 MBTI(Myers-Briggs Type Indicator), 다들 잘 알고 계시죠? 그동안 쌓아온 비마이펫의 데이터베이스로 고양이 성격을 간단히 알아볼 수 있는 일명 '냥BTI 검사'를 준비했습니다. 100% 정확히 맞을 순 없겠지만, 평소 고양이 행동이나 외모의 특징으로 대략적인 성격을 알아볼 수 있어요. 우리 고양이의 행동을 떠올리며 다음의 10가지 문항을 읽고, A~C 중 가장 많이 나온 알파벳이 무엇인지 체크해보세요. 답변을 고르기 어렵다면 추측해서 답해도 좋습니다.

TEST START!

1. 고양이 털색 중 어떤 색이 많은가요?
A 흰색　　　　　　　　　B 검은색　　　　　　　　　C 회색

2. 고양이 얼굴의 윤곽은 어떤 형태인가요?
A 둥근 모양　　　　　　　B 사각형　　　　　　　　　C 삼각형

3. 평소 고양이가 생활에서 자주 보이는 행동은 무엇인가요?
A 높은 곳에서 인간을 관찰한다.
B 집사 옆에 앉아서 휴식한다.
C 같이 놀아달라고 뒹굴뒹굴하거나 집사를 쫓아다닌다.

4. 모르는 사람이 찾아올 때 고양이가 어떻게 행동하나요?
A 즉시 경계 태세! 어딘가로 도망가버린다.
B 멀리 떨어져 가만히 모습을 엿본다.
C 처음에는 약간 경계하다가 얼마 지나지 않아 친해진다.

5. 우리 고양이가 밥을 먹는 방법은?
A 처음에는 먹지 않을 때도 있지만, 어느 순간 그릇이 비어 있다.
B 자기가 먹고 싶을 때 먹는다.
C 밥을 내놓자마자 다 먹는다.

6. 고양이에게 새로운 장난감을 사줬을 때 어떻게 행동하나요?
A 거들떠보지도 않는다.
B 처음에는 가지고 놀다가 곧 질려 한다.
C 장난감에 관심이 많고 비교적 긴 시간 가지고 논다.

7. 멈춰 있을 때 자주 보이는 꼬리의 움직임은?
A 대체로 아래쪽을 향해 있다.
B 대체로 큰 움직임을 보이며 천천히 흔든다.
C 일자로 서 있는 경우가 많다.

8. 평소 고양이의 귀 모양은 어떤가요?
A 뒤를 향하고 있을 때가 많다.
B 별로 움직이지 않는다.
C 좌우로 움직인다.

9. 평소 고양이가 앉아 있는 자세는 무엇인가요?
A 네발을 바닥에 대고 앉아 있다(스핑크스 자세).
B 식빵 자세를 한다.
C 역동적인 자세(누워 있는 자세)를 보인다.

내 성격 유형은 뭘까냥?

10. 고양이의 신체적 특성은 무엇인가요?
A 살짝 슬림하고 날쌘 체형
B 둘레가 굵고 몸이 짧은 땅딸막한 체형
C 보통 체형

고양이 MBTI 성격 테스트 결과

A가 많이 나왔다면?

독립적인 전사 고양이

가장 고양이스러운 고양이라고 할 수 있어요. 혼자 있는 시간을 즐기며 아주 작은 것에도 민감하게 반응하는 성격입니다. 스트레스를 잘 받는 반면, 감정 표현을 잘 하지 않기 때문에 보다 세심한 관리가 필요한 편이죠. 따라서 급격한 환경 변화에 주의하고, 안정감 있는 평화로운 생활환경을 만들어주는 것이 중요합니다. 매우 개인적인 성향이라 집사가 서운함을 느낄 수 있어요. 그렇지만 한번 신뢰한 사람에게는 애정도가 매우 높은 유형이니 너무 아쉬워하지 마세요.

고양이스러운 고양이!

B가 많이 나왔다면?

유유자적~

하앙~

평화로운 유유자적 고양이

조용하고 차분한 아이들이 많아요. 성격은 얌전한 편이며, 집사에 대한 애정이 깊습니다. 활발한 놀이를 즐기기보다는 집사와 함께 쉬며 뒹굴거리는 것을 더 좋아하는 고양이일 가능성이 높아요. 부드럽게 쓰다듬어주는 것을 좋아하니 종종 스킨십을 해주세요.

또 겁이 많아 큰 소리나 낯선 물체에 크게 놀랄 수 있으니 조용한 환경을 조성해주는 것이 좋아요.

C가 많이 나왔다면?

애교쟁이 응석받이 고양이

감정이 풍부하고 애교가 많은 귀여운 성격일 가능성이 높아요. 고양이보다는 개에 가까운 성격이라고 할 수 있죠. 호기심도 많아 새로운 물건이나 음식, 사람에 대한 관심이 높고 경계심이 비교적 낮은 편입니다. 때때로 집 밖으로 탈출을 시도할 수도 있으니 문단속에 주의합시다. 활발한 성격이므로 사냥 놀이를 자주 해주는 것이 좋고, 다묘 가정에 적합한 성격이에요.

애교 애교
꾸우~

길고양이가 행복해지는 생활 가이드

골목을 걷다 보면 느릿느릿 유유자적해 보이는 길고양이들. 요즘 어느 때보다 도심속 길고양이와의 공존에 대한 관심이 높아요. 덕분에 많은 분들이 나서서 밥이나 간식, 물을 챙겨주곤 합니다. 하지만 길고양이에게 함부로 다가가면 안 된다는 사실, 알고 계셨나요? 길고양이를 돌보는 올바른 방법을 알려드릴게요.

길고양이, 함부로 길들이면 안 돼요!

길고양이를 길들이면 안 되는 이유는 야생성을 잃기 때문이에요. 야생 생활을 해야하는 길고양이에게는 사람에게 경계심을 갖고 있는 편이 생존에 도움이 돼요. 예를들어 사람 손을 너무 많이 타서 경계심이 없어지면, 길고양이를 상대로 한 혐오 범죄에 노출될 가능성이 훨씬 높아집니다. 고양이에 대한 인식이 과거에 비해 좋아졌다고는 하지만 여전히 해를 끼치는 사람도 많다는 것을 알아둡시다.

길고양이를 챙겨주고 싶다면, 고양이가 야생성을 잃지 않도록 어느 정도 거리를 두고 챙겨주세요. 먼저 다가와서 애교를 부린다고 하더라도 다가오지 못하게 하는 것이 좋습니다.

귀가 잘린 길고양이가 있다?!

귀 끝부분이 살짝 잘린 길고양이들이 있습니다. 이는 'TNR을 마친 고양이'라는 표식이에요. TNR은 Trap, Neuter, Return의 약자로, 이는 고양이 개체 수를 조절하기 위해 고양이를 안전하게 포획해 중성화 수술을 하고 다시 포획한 곳으로 방생하는 활동을 뜻합니다. 학대당한 고양이가 아니니 걱정 마세요

길고양이 밥, 이렇게 챙겨주세요

밥 주는 곳 주변은 늘 깨끗이 정리하자
길고양이에게 밥을 줄 때는 주변에 벌레나 악취가 생기지 않도록 깨끗이 정리해주세요. 위생 환경과 고양이의 건강은 연관성이 깊어요. 또 밥 주는 곳 주변을 깨끗하게 관리하지 않는다면 이웃 주민에게 피해를 줄 수 있어요.

인적이 드문 장소에서 밥과 물을 주자
개방되고 사람이 많은 장소는 범죄의 표적이 되기 쉬우니 피하세요. 또 길고양이에게는 밥만큼 물도 중요합니다. 길에서는 깨끗한 물을 구하기 어렵고, 특히 겨울에는 물이 꽁꽁 얼어버려 물을 마시기가 더욱 어려워요. 습식 캔이나 따뜻한 물을 챙겨주면 좋습니다.

길고양이 입양은 신중히!

단순히 귀엽다거나 불쌍하다는 이유로 길고양이를 입양해선 안 돼요. 고양이에게 구조가 필요한 상황인지 입양이 필요한 상황인지 판단해야 합니다. 길고양이가 새끼인 경우 더욱 신중히 생각해야 해요. 혼자 있다 하더라도 잠시 동안만 어미 고양이와 떨어져 있는 것일 수 있어요. 최소 8~12시간 이상 어미 고양이가 나타나지 않고, 눈곱이 끼어 있거나 털이 많이 뭉쳐 있는 등 관리되지 않은 모습일 경우에만 구조해야 합니다. 그 외에도 범죄나 질병에 노출된 고양이, 사람 손을 너무 많이 타서 혼자 생활할 수 없는 고양이도 구조 대상입니다. 입양이 필요한 상황이라면 우선 자신의 환경이 고양이가 지내기에 적합한지 가늠해보는 것이 중요해요. 고양이와 함께하는 생활은 생각보다 많은 노력이 필요해요. 덧붙여 함께 사는 가족의 동의는 필수겠죠?

고양이 스트레스 상담소

2022년 06월 13일 초판 01쇄 발행
2023년 03월 10일 초판 03쇄 발행

글·그림 비마이펫
감수 수의사 기역

발행인 이규상 편집인 임현숙
편집팀장 김은영
책임편집 이은영 교정교열 이정현
디자인팀 최희민 두형주 마케팅팀 이성수 김별 강소희 이채영 김희진
경영관리팀 강현덕 김하나 이순복

펴낸곳 (주)백도씨
출판등록 제2012-000170호(2007년 6월 22일)
주소 03044 서울시 종로구 효자로7길 23, 3층(통의동 7-33)
전화 02 3443 0311(편집) 02 3012 0117(마케팅) 팩스 02 3012 3010
이메일 book@100doci.com(편집·원고 투고) valva@100doci.com(유통·사업 제휴)
포스트 post.naver.com/h_bird 블로그 blog.naver.com/h_bird
인스타그램 @100doci

ISBN 978-89-6833-378-1 13490
ⓒ 비마이펫, 2022, Printed in Korea